紗代流
無印收納哲學

正確選購IKEA、無印良品、網路商城收納用品的五大活用準則

整理收納師——小西紗代

瑞昇文化

前言

Before the Lesson

筆者擁有超過25年的專業收納經歷。現在仔細回想起來，打從單身時代開始，我就已經養成隨手東收一點西收一點的習慣。而當時任教於幼稚園似乎就是開啟我收納之路的契機。為了讓每天忙碌的幼兒照顧工作更加順暢，我開始計畫打造一個「舒適又順手的教室環境」，也就是將常用的剪刀、糨糊、釘書機等文具整理收納在能夠方便取用的地方，只要一個動作就能輕鬆拿取，另外也能讓小朋友可以在更安全自在的空間中活動。

那時候的百圓商店尚不普及，只能用糖果空罐子裝文具、用布丁空瓶裝橡皮筋……也就是利用「廢棄物」來做收納。結婚之後，我仍舊利用家裡的「廢棄物」來收納，但看來看去就是有種說不出的不協調感……雖然當時市面上陸續販售各種時尚收納用品，但對我來說那全是些只能遠觀的奢侈品，覺得只需要買些百圓商店裡的商品頂著用就好，完全沒有「將錢花在收納用品上」的念頭。

自從搬到現在的家之後，我開始依使用場所與用途，選用不同類型的收納用品來整理居家環境。之所以有這樣的改變，全因為突如其來的一個想法「想要有搭配新家裝潢的既美觀又具功能性的收納！」那時神戶正好開了一家新的ＩＫＥＡ，而且除了百圓商店外，在無印良品、居家修繕中心、網路商店等都能輕鬆買到自己想要的收納用品，就這樣我終於可以實現我那小小的願望。

但我本身也是歷經無數次失敗才有現在這樣的完成品，當時可是繳了不少學費（購買不實用收納用品的費用）。像是為了搶便宜而一口氣買了許多大小不一的收納盒、開關卡卡的抽屜、用沒幾次就壞掉的收納箱……但全拜這些學費所賜，我才能獲得足以自稱「收納用品研究家」的豐富知識，並為客人或參加講座的人提供對他們有實質幫助的建議，這些成就讓我深信「學費絕對不會白繳」。

方便管理家中大小物的收納用品，價格從便宜到昂貴應有盡有。希望大家都能買到真正實用的收納用品，盡量別像我一樣，買了一些沒用又花錢的東西！基於這樣的想法，才有了這本書的誕生。誠心希望這本書能讓您居家的收納既美觀、既舒壓又兼具實用性。

目錄

本書收錄的相關商品是 2017 年 9 月底前蒐集到的資料。書中商品絕大多數為筆者及提供收納實例者的私人用品，而部分商品於取材當下已經絕版下架，這一點還請大家見諒。

人生好轉的5大收納術鐵則

多數已經徹底解決收納問題的人常常這麼說，
「整理完之後，覺得開心多了！」
「好希望能一直維持這樣的整齊與美觀！」
讓收納能一舉成功的關鍵其實非常簡單。
現在筆者就將這5大收納術鐵則傳授給大家。

鐵則1

購買收納用品是一種「投資」

隨著物換星移，家具從使用一輩子的高單價商品時代，進入時尚又隨時可汰舊換新的時代，即便是室內裝潢也能像流行服飾般輕鬆更換。

裝潢和家具漂亮的話，**室內擺設自然也會美觀又具功能性！**有這種想法的應該不只我一人。實際上，要有美觀又實用的收納，必須使用專門的收納用品。雖然大家常隨手使用家裡的糖果空盒、空箱或空瓶做收納，但那都已經是過時的「昭和式收納」了。

湊合著用的空箱無法將東西收拾整齊，還會因為形狀不一致而白白浪費空間，不僅造成收納量減少，外觀也因為凹凸不平而不美麗！外觀不整齊容易導致「物歸原處」、「收拾乾淨」的意願降低，到最後變成隨處擺放的雜亂無章……。如果是這樣的結果，一開始的辛苦收納就沒有意義

了。

花錢買家具，同樣得花錢採買擺放在家具內的收納用品。現在隨處都有百圓商店或居家修繕中心，上網動動手指也能輕鬆買到自己想要的便宜收納用品。基於這種種理由，購買收納用品可以說成是一種維持「整齊美觀」的「投資」。

而雖然名為「投資」，但並非要大家購買高單價商品，本書所收錄的收納用品都是一些隨處買得到的平價品。只要大家確實將東西收拾整齊，在「絕對不可以弄亂」的意識作用下，家人自然會於使用完畢後歸還原處。

畢竟「整齊美觀」會持續一輩子，就長遠觀點來看，稍微多花點錢還是非常划算。大家要不要嘗試投資這些毫無風險的收納用品呢？「永遠保持整齊美觀」的收納，全取決於您所使用的收納用品。

複雜的收納是大大NG

「我努力收拾整齊，家人卻總是用完就隨手亂丟……」

這是大家常見的煩惱之一，您是否也心有戚戚焉呢？

為了確認客戶的收納情況，我常親自登門拜訪，或者請客戶錄下居家收納情況供我評估，我發現有不少收納方式真的驚為天人，讓我自嘆不如「太困難了，就連我也懶得再將所有東西物歸原處！」

這些客戶有個共同的通病，那就是為了「將東西收拾整齊」、「將東西收得漂亮」而過度使用收納用品。拿取一樣東西時，必須打開櫃子、拉出收納箱、打開收納箱的蓋子，最後才終於見得到本尊……。事實上，我的確見過不少這種俄羅斯套娃式的收納方式。

家人為了使用某種東西，得大費周章的將東西拿出來，但使用完畢

後，一想到又得費時費力放回原處，乾脆就直接丟在一邊。努力收納卻造成反效果的整理方式，其實是最吃力不討好的。

想要有「外觀美麗的收納」這種想法很好，但**比起將東西收拾得整齊漂亮，打造實用又順手的收納才是重點所在**。開啟櫃門、拿出收納盒、再從盒中取物，這種複雜的收納方式因步驟過於繁瑣，反而使收納和拿取變得更麻煩。

拿取某種特定物的步驟愈少，愈能打造方便拿取且沒有負擔的收納。**方便拿取代表容易整理收納**。在各位讀者家裡，最容易用完就隨處擺放的東西是什麼呢？現在請大家確認一下，自己家裡是否為動作次數過多的複雜收納。

窮酸招致貧窮

過去的主要收納方式是拿家裡的廢物當作收納神器。我小時候常看父母拿糖果空盒裝書信、明信片或針線工具，長大後我也理所當然習慣拿面紙空盒、牛奶空盒作為收納用品，而且還樂此不疲地收集空箱、空瓶或空罐。有時收到漂亮的糖果、餅乾盒，即便沒什麼東西好裝，也會暫時小心翼翼的收藏起來。畢竟二十幾年前不像現在隨時隨地買得到各式各樣的收納用品。

還記得當時嫁妝衣櫃裡的隔板極不實用，無法依個人需求調整高度與寬度，為了解決這個問題，我甚至拿牛奶空盒來收納內衣褲。每天拼命喝牛奶，並配合抽屜深度將12個左右的牛奶盒用釘書機訂在一起，一個空盒裝一件內褲，大功告成時我還擺了個自我滿足的勝利姿勢。就這樣過了1

年左右，每次拿出內褲時，總有像日曬後脫皮般的屑屑沾在上面，這著實讓我傷透腦筋。後來發現那些脫皮般的屑屑，原來是牛奶盒內側隔水膜因劣化造成剝離。拼命喝牛奶才換來的牛奶盒只能全數丟進垃圾桶裡，費時又費力的收納只換來短暫的整齊，根本無法長久維持。

家中的空盒等廢棄物原本就不具收納功能，根本不適合作為收納用品。廢棄物再利用的收納不僅顯得窮酸，用不了多久又得重新整理一次，只能算是半調子收納。雖然一開始不花半毛錢就能完成收納，但如先前所說，到最後不得不將牛奶盒全數丟棄，既浪費體力又浪費時間。**停止廢棄物再利用的收納，依物品用途選擇適合的收納用品，這才是收納的重要關鍵。**在接下來的內容中，將為大家進一步詳細說明。

鐵則 4

目標是令人心動的收納

目前家裡的收納情況，例如打開櫃門或拉出抽屜時，您有什麼感覺嗎？「今天也是好整齊，好漂亮！」還是「唉，亂七八糟，得稍微整理一下」。您的第一個直覺是什麼呢？

跟著我聽了半年左右收納課的學員之中，不少人表示「雖然也沒特別要拿什麼，但就是很想拉開抽屜看個兩眼♡」。逐一篩選物品，只留必要的幾種，肯定會有美麗的收納。由於這些東西都收在抽屜裡，無法像擺飾品般能隨時欣賞，因此這些學員才會有事沒事拉開抽屜，看看那令人賞心悅目的收納。好比出門去見男女朋友的心情，打開抽屜或櫃門會有種「怦然心動」的感覺。

收納部分屬於私人領域，通常只有家人才看得到，但不少人覺得令人

心動的收納只有家人看到是不夠的，反而想要分享給更多人一同欣賞，一起享受那種怦然心動的感覺。

如果做到這種程度，**為了努力維持整齊美觀的狀態，不亂花錢買不需要的東西，就結果來說，不需要的東西和花費減少了，不僅能夠一直保持「美觀」，還能達到省錢的經濟效益**。而家人也會基於「不可以弄亂」的想法，開始動手幫忙整理，於是全家就這樣逐漸身陷於「整齊美觀」的漩渦中！

令人怦然心動的收納其實非常簡單！

①**只留下**擁有會**感到幸福的物品**

②**備齊**能使這些物品方便拿取的**收納用品**

就這麼簡單的兩點。願不願意嘗試一下那種打開櫃門、拉開抽屜便能看見令人怦然心動的美麗收納呢？

自訂三大原則

延續「整齊美觀」的收納，關鍵在於備齊適合的收納用品。「總之先買來應急」、「將就湊合著用」，基於這兩種理由買來的收納用品，由於尺寸和顏色不統一，不僅難用，外觀也不美，實在可惜！實在浪費！我們要以努力整理，完成實用又賞心悅目的收納為目標。首先，收納用品的三大原則：顏色、材質、形狀。

①顏色　決定基底色調。市面上的收納用品多半是白色，但並不是「非白色不可」。只是五花八門的樣式和刺眼的配色絕對是大大NG。抽屜和櫃子裡的收納用品顏色最好和裝潢相同或類似，這樣才能打造統一感。顏色一致，才能營造整齊的外觀，看了心情也會比較舒暢。

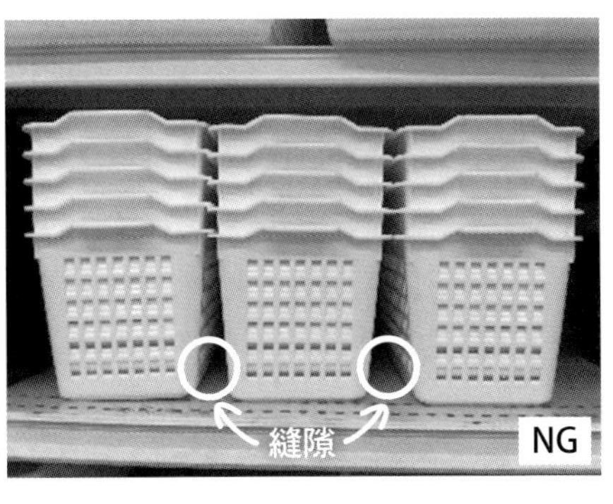

②**材質**　塑膠材質和不鏽鋼製品堅固又耐用，取得管道也很多。紙製品可以用於客廳或兒童房，但用於廚房或浴室等水多的場所，可能會因為吸收濕氣而受潮。木製品能有效調節濕度，適合用於保存代代相傳的重要物品（掛軸或古壺）。收納之前，請先思考一下需要收納的物品、收納場所與用途（請參考P64的材質一覽表）。

③**形狀**　為避免浪費空間，盡量尋找直角形狀的容器。另外，能否堆疊成2層、3層也非常重要。收納盒能套入另一個收納盒的形狀，由於內側面稍微內縮，導致收納盒並排時，會因為底部之間產生縫隙而浪費許多空間。不擅長收納的人，往往以為將東西塞在縫隙裡就叫做善用空間，這一點要特別留意。

part 2

紗代流
收納用品的挑選方法

「使用什麼樣的收納用品比較好呢？」
這是最多人提出的問題。
現在讓我為大家解答，
並介紹目前我最愛的「容易使用！」、「方便！」的收納用品。
請大家參考這裡介紹的挑選方式與使用方法，
尋找最適合自家的各種收納用品。

來自四面八方各種有關收納用品的煩惱。

不考慮經久耐用性，容易招致失敗！

「每天使用，沒多久就變得破破爛爛。」「在水多的場所擺放紙製收納用品。」大家是否曾有這樣的經驗？在哪裡使用（場所）、使用的頻率（時間）、使用的用途（目的），請仔細考慮這幾點之後再購買。

沒有東西需要收拾整理，卻買了不少收納用品！

買了收納用品後才開始整理，這樣根本是本末倒置。在添購的收納容器中「裝得進去的部分收納整齊」，「裝不進去的部分就斷捨離」，若能做到這樣的話就還好，但可惜的是絕大多數人的習慣是「塞不進去的部分就另外收到別的地方」，結果所有物品四處分散，反而造成使用上的不便。尺寸不合的衣服，您會因為「好漂亮！好可愛！」就買了嗎？收納用品也是同樣的道理。請先從整理開始，再依需求購買收納用品。

只因為時髦！可愛！而買回家，注定會失敗！

只因為「漂亮」、「顏色美麗」、「形狀可愛」等外觀因素將收納用品買回家，最後注定會失敗。單憑這些理由買回家的東西能搭配自家裝潢、原有收納用品的顏色和材質嗎？彼此各自精彩的收納並不美觀。整體格調一致才是看起來整齊美觀的訣竅。

買了收納用品卻擺不進去！

購買收納用品之前，大家是否確實丈量擺放空間的大小？常聽人抱怨「才差1㎜而已，擺不進去就是擺不進去！」為避免浪費錢買一些不能用的東西，購買之前務必精準丈量（請參照P34）。

只看評價或聽人家說的購買，容易導致失敗！

現今這個時代輕輕鬆鬆就能透過網路購物，因此不少人單憑網友評價或評論就衝動下訂，但這種方式其實非常容易導致失敗……。

沒有親眼確認實品，只會增加失敗機率。必須親眼見證、親手觸摸，才能確定這究竟「是不是自己需要的東西」。

任何人都可能誤入陷阱的收納用品選購法

收納之所以失敗，包含未確實丈量尺寸、單憑美麗外觀而衝動購買等林林總總的原因。但聽了其他人的購買失敗經驗後，我將大家誤入陷阱的收納用品選購法歸納為三種模式。

✕看到書籍、網路、社群媒體介紹後衝動購買

「專家○○女士也使用這種收納用品」、「是時尚教主○○女士最愛的收納用品」，因這些話語的誘惑而衝動購買的行為絕對是大錯特錯。畢竟那位使用者和您家裡需要收納的東西肯定不會一模一樣。除此之外，您家裡的收納場所和物品使用次數也未必與那位使用者相同或雷同。包含這本書在內，**任何人所推薦的收納用品未必全部符合您居家的需求、您的使用方式及您的價值觀。**建議大家，即便當下覺得「很方便！」也不要立即下訂，**請先確實丈量擺放場所的大小、想像一下該如何使用後再購買也不遲。**千萬不要衝動購物，採買之前先試著深呼吸。

✕因為「○○的產品令人格外安心」而衝動購買

「我買了A商店的○○，但裂開了」、「我又去B商店多買了幾個○○，結果尺寸不

其實失敗並非壞事，就當作繳學費，但記得從中吸取教訓，下次肯定能夠找到適合自己居家環境的收納用品。

合」我常聽到客戶這樣抱怨。喜歡收納的人之中，肯定有特別偏好某些品牌的死忠信徒。**他們認為「只要是那個品牌的產品，使用起來格外安心。」但這種行為其實是一種「盲信」**。信任品牌並非壞事，但各種品牌有各自的強項，唯有挑選各種品牌的強項，才能提高收納成功率（具名品牌都有保固期限，購買的產品有任何問題，可以試著聯絡客服中心）。

✕「長得很像，應該沒問題」而衝動購買

當某種商品暢銷後，相似度極高的廉價品會陸續出現。只因為**「正牌太貴買不起，仿冒品的話應該可以……」而妥協，百分之百注定會失敗**。畢竟廉價品只是**「相似商品」**，無論材質、尺寸和顏色都和正牌產品有所差異。使用後覺得「和想像中的不一樣」，最後又「重新購買正牌產品」的人不在少數。「**妥協之下的購物，只是徒增無用的雜物**」這個道理除了用於購買收納用品外，也適用於日常生活中的各種購物。

容易不小心入手的NG收納用品

即便是搶手的收納用品，肯定也有使用後才發現的缺點。以順手好用為優先考量的人，務必仔細確認優缺點。

NG ITEM No.1

看似耐裝，其實不然

「乍看好用」收納盒

外形美觀的收納籃，不但造型柔美且雙側附有凹洞式手把，若再加上價格便宜，肯定有不少人搶購，但由於底部內縮導致收納量變少，相信也會有人因為「比想像中還不耐裝」而感到後悔。若打定主意不裝多且目的是「陳列式收納」的話，那就另當別論。

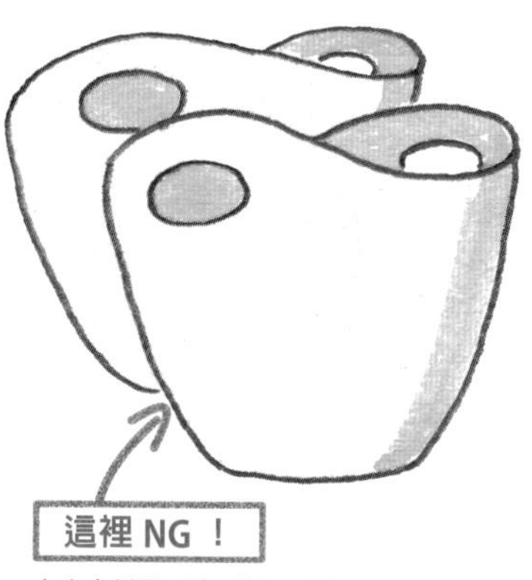

這裡NG！

左右高低不一致，側面弧度加工導致底部面積縮小，收納量相對減少。

NG ITEM No.2

過度追求設計感

「麻煩」的磁吸式調味料罐

商品具個體差異，有些開關設計不良造成使用上的不便。內裝粉末狀調味料時，因容易沾附在罐蓋上而導致開啟時不小心撒出來。容量小，能收納的東西有限。磁性強能避免調味料罐掉落地面，但相反的，必須用點力才能取下罐子。

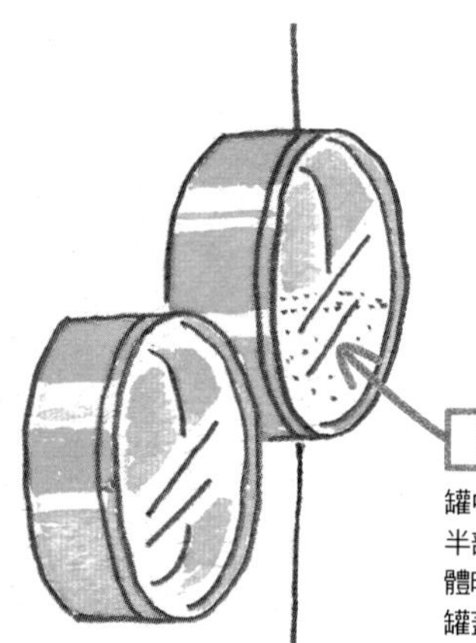

這裡NG！

罐中內容物集中在下半部，內裝粉末狀物體時，容易因沾附在罐蓋上而導致開啟時不小心溢出。

NG ITEM No.3

深具時尚感，尺寸卻很微妙

「設計感優先」的收納櫃

這種收納櫃不僅具有時尚感，還可以自由搭配，看是要色彩繽紛還是樸素雅致，但最大的缺點是收納櫃中的收納盒尺寸似乎有些微妙，不僅圓形邊角導致收納量減少，收納盒本身不耐重且容易裂開、從櫃體中拉出來時卡卡不順等因素導致實用性欠佳。建議大家不要單憑外觀挑選收納用品！

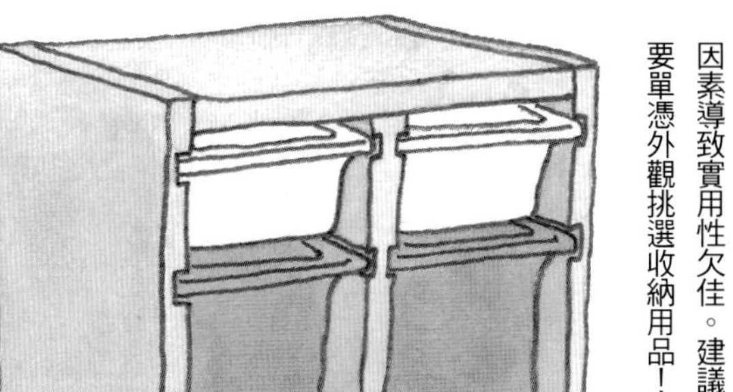

這裡 NG！

收納盒明顯小於收納櫃，縫隙處容易囤積灰塵。

NG ITEM No.4

稱不上是「陳列式收納」

「塵埃堆積」的收納推車

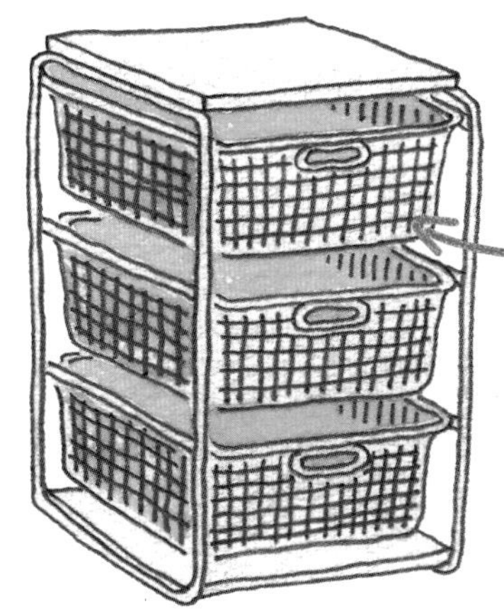

這裡 NG！

網狀材質雖然方便大家看到裡面的內容物，但相對容易囤積塵埃。在每個收納籃底部鋪上塑膠板，有助於防止塵埃掉落至下層。

網狀收納籃具有良好的通風性，但用來收納衣物的話，上層衣物的毛絮塵埃容易落至下層，甚至最底部。由於是組裝式外框，收納籃的收取不夠順暢，太用力可能會導致整個收納籃脫離框架，隨著使用次數的增加，收納推車的順暢度會每況愈下。

NG ITEM No.5

事與願違的收納量
「一堆圈圈」魔術衣架

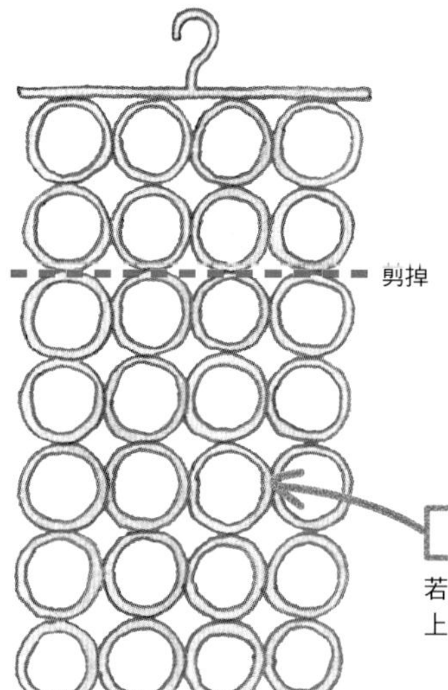

只要將領帶或絲巾穿過圈圈掛孔，立即輕鬆收納，但缺點是穿過上方圈孔的衣物會蓋住下方圈孔，得先將其移除才方便使用下方圈孔，使用上稱不上便利。若要將所有圈圈掛孔掛足掛滿，無論是穿過圈孔或移除都十分費時費力，建議大家剪掉下半部，僅留上方兩排使用。

這裡 NG！

若要掛足所有圈圈掛孔，下方衣物容易被上方衣物蓋住而看不見。

NG ITEM No.6

實際收納時才發現
「比想像中還小」的抽屜

一般抽屜為了方便使用者拉取，底部通常會設計成內凹形狀，但這樣反而容易壓縮了內部收納空間。抽屜外觀沒有附上把手，雖然顯得俐落，但收納容量會相對減少。

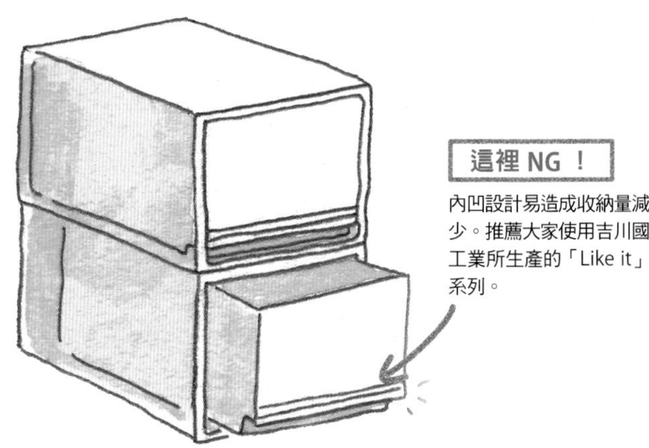

這裡 NG！

內凹設計易造成收納量減少。推薦大家使用吉川國工業所生產的「Like it」系列。

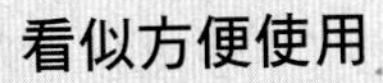

看似方便使用
「不易取出物品」的直取式收納箱

前開式掀蓋設計看似方便使用，但衣物層層堆疊後，反而不容易拿出被壓在最下面的那一件。若將保特瓶等直立收納，則難以取出擺放在最內側的那一瓶。這種收納箱適合用來收納使用率較低的物品（例如緊急救難食品等）或非當季的衣物。

這裡 NG！

開口大方便拿取前面或上層物品，但不容易取出擺放在內側的物品。

NG ITEM No.8

設計感、功能性都欠佳
「毫無優點可言」的衣架

用於吊掛長褲或披肩、長圍巾的S形多層褲架。多層設計能吊掛多件衣褲，但上層掛有衣褲時，有時必須先暫時移除才方便使用下層，但這樣反而增加困擾。如果從左右兩側直接套進去，取用後可能會因為左右失衡而造成其他衣褲滑落。

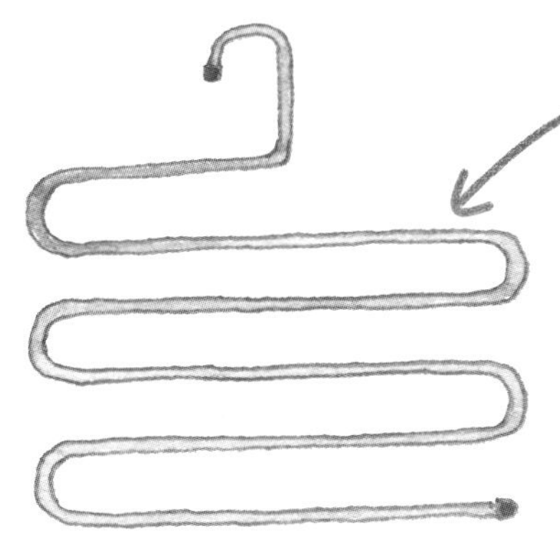

這裡 NG！

有「過重」、「容易滑落」、「從左側或右側套進去，不容易使用」三大問題點。

「看似方便」
和「方便」
是不一樣的

百圓商店的陷阱
～採購時的注意事項～

每次到了百圓商店，一看到琳瑯滿目的新產品，總會控制不了衝動而通通搜刮回家……大家是不是曾經有這樣的經驗？看到雜誌、書籍的強力介紹，盲目相信網站或社群媒體的推薦，再加上「只不過區區一百圓……」等種種因素驅使下，就這麼失心瘋的將東西帶回家，但這一切將會是一連串失敗的開始。建議大家要採買收納用品之前，

①什麼情況下需要用到這個東西？

②使用這個東西（購買這個東西）能使生活產生什麼變化？

③有地方可以收納這些東西嗎？

一定要再三確認這三點。即使這東西「只需要區區一百圓」。單純為了「看似方便」而買，到最後根本派不上用場的話，只是白白浪費金錢和

逛百圓商店時的注意事項

多格收納盒

購買隔板可拆卸的收納盒。固定式隔板的收納盒不如想像中好用。

資料盒

分層多的資料盒雖然很方便，但耐久性相對較差。

不同百圓商店的強項

大創

適合採買一些方便的日常生活用品。

例：掃具收納夾、電線夾、電線收納盒、杯子、玻璃製品

SERIA、Can ☆ Do

適合採買一些收納用品。

例：廚房用整理盒、網狀收納籃、S 形掛勾

收納空間。另一方面，有些收納用品則是「看似方便」，買了也實際用過了，最後卻因為「不容易收拾」、「色彩鮮豔引人注目，但和室內擺設（或收納）格格不入」等因素而被束之高閣。

遇到這種情況會立即將東西處理掉的人倒還好，但最怕有些人認為一百圓也是辛苦賺來的錢，尤其是不擅長收納的人，即便只是百圓商品，一旦進到家裡絕對不會輕易放手，就這樣永遠堆在家裡面……。

除了百圓商店的商品外，當您採買收納用品時，只要心裡浮現「看似方便」的念頭，請務必先想想右手邊那三點，冷靜思考一下「沒有這樣東西會覺得很困擾嗎？」「沒有這樣東西會覺得不方便嗎？」仔細分析後再決定是否購買。如此一來，家裡不會增加一些非必要的東西，也可以減少非必要的支出，有助於提高經濟效益。

「任何人都辦得到！」購買收納用品前的5個步驟

大家是不是有「只要買齊收納用品，家裡就會變整齊」的這種想法？購買收納用品之前，5個非做不可的法則，請大家牢記在心。

整理

大家提出的問題中，排名第一的是「使用哪一種收納用品比較好呢？」不少人將雜亂無章的收納方式歸咎於收納用品不好，其實根本不是這麼一回事！不是收納用品不好，而是家裡的**東西太多！**您知道自己家裡有多少東西嗎？您知道只要備齊必要物品就足以生活嗎？家裡是不是堆積許多不好用或看不順眼的東西？

收納之前需要整理。整理並非要您大丟特丟，而是從中挑選自己喜歡的東西並保留下來的過程。逐一拿在手裡確認**「自己喜歡嗎？」**、**「使用時有幸福感嗎？」**收納就從這一步開始，東西少而精緻的話，根本不需要額外的收納用品。

STEP 2 分門別類

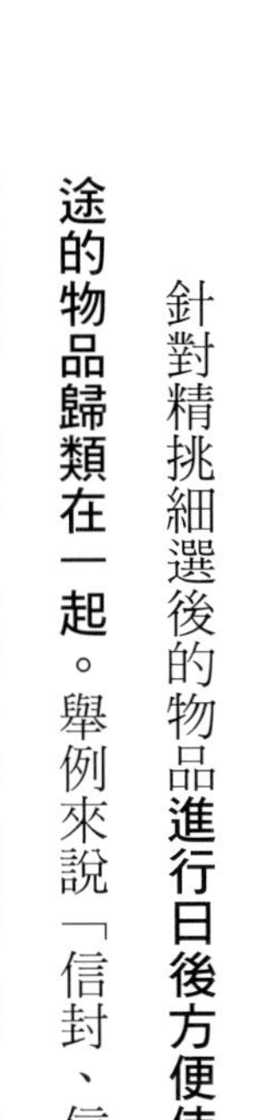

針對精挑細選後的物品**進行日後方便使用的收納管理，首要之務是將同用途的物品歸類在一起**。舉例來說「信封、信紙、郵票、筆」的寫信用具、「牛皮紙膠帶、繩子、剪刀」的包裝用具等，這是為了一併拿出作業時所需物品所進行的分類動作，我將其稱為「分門別類」。

除了「將同用途的物品歸類在一起」，另外還有**「依使用場所歸納」的分類方法**。例如剪刀，除了收納在文具區，還可以放在衣櫃裡用於剪衣服吊牌、放在急救箱裡用於剪繃帶、放在洗手台或廚房區用於剪開包裝袋，依使用場所收納，就無需特地跑到文具區找剪刀。與其將數把剪刀收在同一個地方，不如分散在家裡四處還比較有效率。請環顧一下您的居家環境，想想看「這裡也放把剪刀的話，是不是更方便？」**透過這樣的分門別類有助於縮短做家事的時間**。

決定物品的固定位置

將嚴選過的物品分類好之後，緊接著是「收在哪裡？」依據生活模式和生活動線，為這些物品找個「安身之處」。家裡是不是常有用完即隨處亂放，或者用完就不知消失到哪裡的東西？這些東西都有固定的家嗎？而即便這些東西有固定的家，家人若不願意物歸原處，就代表這些家或許不是最恰當的。

收納訣竅在於先思考這樣物品「用於什麼場合」，然後將這樣物品「收納在使用場所附近」。記得要以**「現在」為軸心**。舉例來說，「將小孩過去使用的便當盒收在廚房裡」就是錯誤的收納方法。現在用不到，但因為具有紀念價值，不能輕言丟棄，這類物品應該**歸類為與用途無關的「紀念物品」，建議另外找個適當的場所小心收納**。幫物品決定住處是一件浩大工程，若想要收納得更有系統，前置作業是絕對不可或缺的。

暫時安置

「決定好物品住處」後，請先視為暫時安置，並在這樣的狀態下繼續生活一陣子。因為自己覺得方便的收納，對家人來說未必是最順手的。

舉例來說，若將小孩也會使用的物品收納在他們伸手搆不到的地方，不僅難以取用，更別說希望他們使用完後物歸原處。開啟櫃門、拉開抽屜、取出裝在容器內的物品，如此複雜的收納方式，家人可能覺得麻煩而懶得放回原處。建議先像公共設施般，將物品暫時安置在某處，方便所有家人使用。

很多情況都是實際使用過才會發現問題所在。暫時安置的場所若不恰當，便不斷修正到最適合為止。收納問題不會自行消失，請大家不要怕麻煩，務必耐著性子多嘗試。

STEP 5

丈量尺寸

買了收納盒回家，打算將物品放進去時通常會遇到兩個問題，「尺寸差那麼一點點，怎麼放都放不進去」，或者「留下來的縫隙不大不小，派不上用場」，不曉得大家是否有這樣的經驗？**收納用品這種東西，只要尺寸差了1㎜而擺不進去，就好比將大把鈔票丟進水裡般白白浪費了。**憑直覺或突發起想的購物往往容易造成失敗。

有失敗經驗的人，您在購買收納用品之前，是否確實丈量收納場所的尺寸呢？「確實」是重要關鍵。雖然測量長度是件麻煩事，但隨便拿個捲尺又敷衍了事的概略量一下，最終只能得到模稜兩可的尺寸。**建議大家使用符合ＪＩＳ規格的捲尺，確實沿著家具或牆壁邊緣量測。**至於抽屜，更要確實丈量內部空間大小。使用能測量內圍的捲尺，就能輕鬆量出內部空間大小和深度。即便只是便宜的百圓商品，派不上用場就形同廢物，浪費錢又浪費空間。為了避免這種情況發生，請務必確實丈量尺寸。

PromartIntervision 16 捲尺
JIS1 級　3.5m
除了用於一般空間的丈量，也可以測量盒子，從捲尺的小窗口即可看到盒內尺寸與深度。

正確丈量尺寸的方法

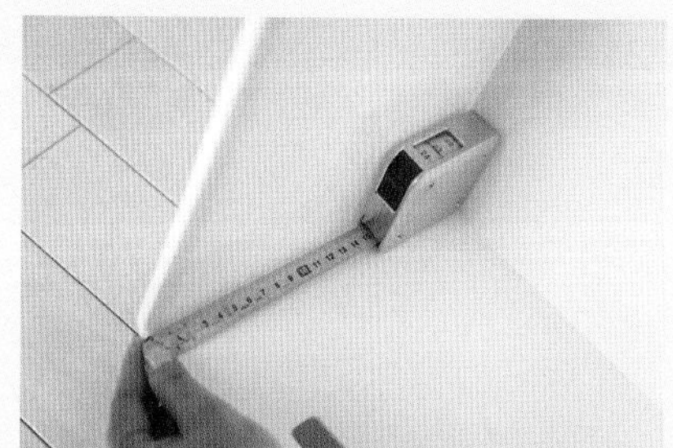

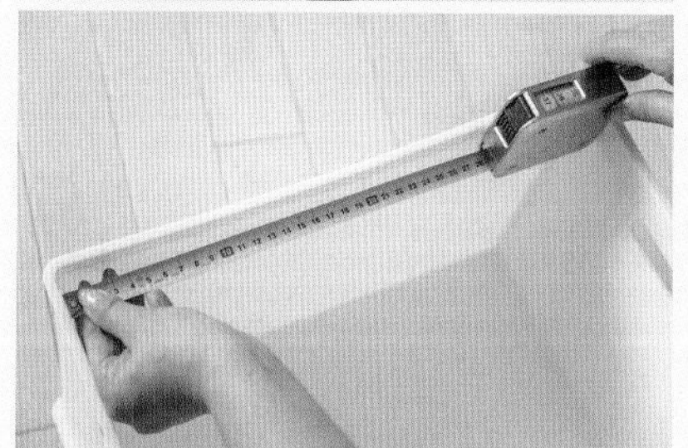

使用內圍專用捲尺，能夠丈量出最正確的尺寸。請選擇有 JIS 規格標誌的捲尺。

抽屜

丈量抽屜時，務必準確測量內圍尺寸。最好準備一把內圍專用的捲尺，沒有的話，則盡量多費點心思仔細丈量。

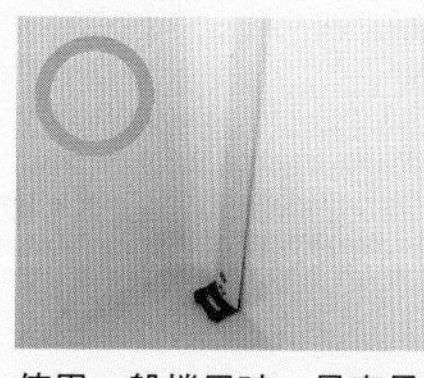

使用一般捲尺時，最容易失敗的情況是捲尺前端沒有確實貼緊底部。請務必貼緊直角處以避免產生誤差。

附有櫃門的收納空間

有櫃門的收納空間必定有蝴蝶鉸鏈，收納用品需控制在兩側蝴蝶鉸鏈之間的範圍內。為避免抽屜無法順利拉出，購買收納用品前，務必確實丈量內部空間。

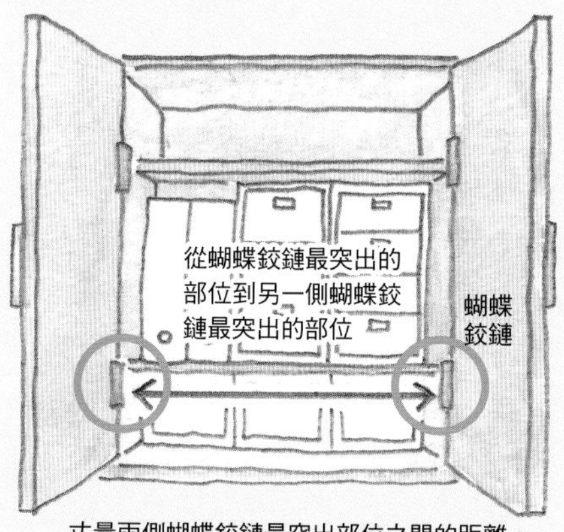

丈量兩側蝴蝶鉸鏈最突出部位之間的距離。

衣櫃

衣櫃丈量也時常出現失敗案例。千萬不要挑選會將衣櫃塞得滿滿的收納用品，必須將「死空間」也列入考慮。

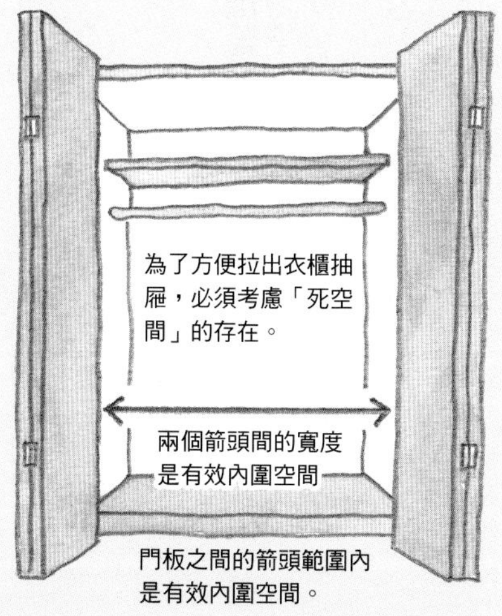

門板之間的箭頭範圍內是有效內圍空間。

無印良品網站上有非常方便的「收納尺寸檢索」功能。只要輸入收納場所的長寬高和深度，網站會自動篩選適合這個空間的收納用品。

紗代流

真正實用的收納用品之挑選方法

確實掌握各種人氣收納用品的特性，讓各種用品物盡其用！不要單憑價錢和設計感挑選，確實考量是否適合收納物與功能性。

「美麗」收納的**關鍵**在於**收納用品！**

GOODS No.01 | FILE BOX

資料檔案盒

立式、橫式、半透明、白色、白灰色等種類豐富，非常適合居家使用。

靈活運用的必備收納盒

聚丙烯檔案盒・
標準型・A4 用・
白灰色（無印良品）

簡約風的檔案盒，具有設計感，也具有防水功能，適合用於各種場所。
左／約 W15×D32×H24cm
右／約 W10×D32×H24cm

NG 品項

紙製收納盒用久了會劣化，容易破裂或底部塌陷。但如果是收納只需要保存 1 年且年限到後會如同收納盒一併銷毀的檔案資料，建議使用紙製檔案盒。

活用術

放在沒有深度的地方也 OK！用於擺放教科書等也比較不容易傾倒。

活用術

擺放無法自行站立的烹調器具（上）。15cm 寬的檔案盒可用於收納清潔劑等。

※ 尺寸表示　W＝寬度，D＝深度，H＝高度。

開放式圓孔雜誌箱

開放式雜誌箱

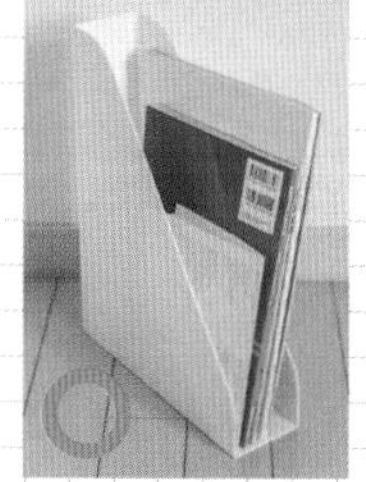

活用術

2個組合在一起
變身為路由器收納盒

A4 雜誌箱（大創）

將路由器放進雜誌箱裡，再取另外一個雜誌箱組合在一起，既能減少灰塵堆積，也能避免路由器的存在過於突兀。可先將電源供應器拔下，將電線穿過洞孔後再裝上。
W9×D23.7×H23.7cm

沒有前方書檔的
開放式雜誌箱
比較容易收拿資料

A4 FILE STAND（Seria）

用於收納教科書的話，可以分科擺放或橫倒著擺放。重量不夠時容易傾倒，建議使用雙面膠帶稍微固定一下。
W7.3×D25×H32cm

活用術

可用於收納各種烹調器具。

側邊下凹檔案整理架

純白色細長的
檔案整理架

A4 檔案整理架
全白（宜得利）

價格便宜的純白色檔案整理架。兩側的中間部位稍微下凹，能清楚看見內裝物品。
左／W16×D31.5×H24cm
右／ W10cm

萬能的收納選手。配合使用方式挑選形狀

雖然是直立式文件盒，但使用方法非常多。除了紙類文件，還可以用於收納洗潔劑、平底鍋、無法直立的矽膠類模型。文件盒的種類五花八門，有直式、橫式之分，材質、顏色和尺寸也非常豐富，請確實思考「要收納什麼物品？」再依照物品挑選文件盒。

將紙張文件全放入寬型文件盒時，容易因為過重而不易收拿，進而造成收納的不便。若要用於收納紙類，建議使用薄型文件盒。材質方面則挑選強度較高的塑膠材質。

GOODS No.02 | BOX

收納盒

可以自由切割空間的收納盒。宜得利的收納盒有各種尺寸和顏色供選擇，非常方便。

標準型

橫式半格型

可另外添購蓋子！

直式半格型

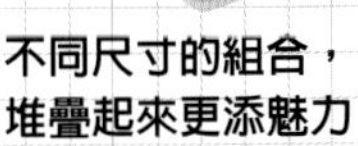

不同尺寸的組合，
堆疊起來更添魅力

收納盒標準型（宜得利）

不挑場所，適合擺放在家中各個地方，也適合收納各種物品。收納盒色彩豐富，能搭配任何居家裝潢。

標準型／W38.9×D26.6×H23.6cm
橫式半格型／W38.9×D26.6×H12cm
直式半格型／W19.2×D26.4×H23.6cm

只要規格統一，即便尺寸不同，依然能夠向上堆疊，組合非常多樣化。

在又深又高的抽屜裡堆疊成兩層。

活用術

當作收納櫃的抽屜使用。

挑選能夠完整塞入空間裡的直角方形收納用品

收納備用品時，最好挑選四四方方的收納盒。不僅能夠堆疊，也不會直接看到裡面五顏六色的內裝物，收納盒排列在一起整齊又美觀，有助於督促自己「隨時保持整齊」。

宜得利的可堆疊收納盒分成4種尺寸，標準型、半格型、直式半格型和四分之一型，皆可個別添購輪子或蓋子，適用於收納玩具或重物。把手部位設計成凹洞形式，方便搬運。另外也有價格較為便宜的大型紙製或不織布製收納盒，但無法承載重物，不建議購買這種材質。

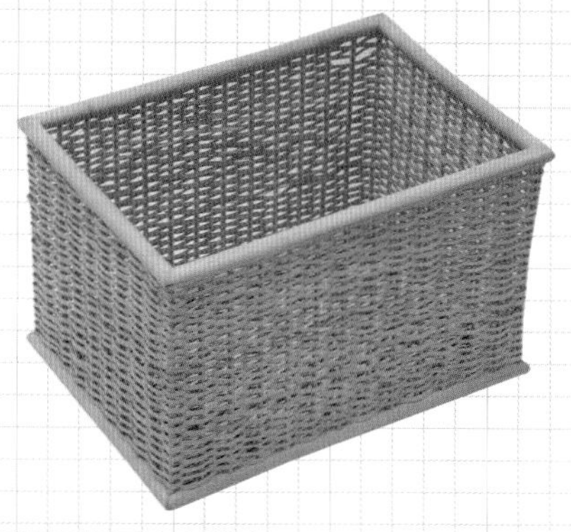

直接擺放居家空間中
也具有十足的時尚感

可堆疊籐編長方形籃／大（無印良品）

使用天然素材編織而成的收納籃。尺寸多樣化，既輕巧又美觀。
約 W37×D26×H24cm

也有高度僅 16cm 的尺寸，同樣能夠堆疊。整體外觀十分清爽、俐落。

活用術

另外添購長方形用蓋時，可用鐵絲固定於一側，開闔更加方便。

簡潔大方的設計

VARIERA 系列
收納盒（IKEA）

無法堆疊，但有 2 種尺寸，5 種顏色。兩側附有把手孔，方便搬運。
W34×D24×H14.5cm

活用術

使用 IKEA 的收納櫃時，可以同時選用尺寸合適的收納盒。

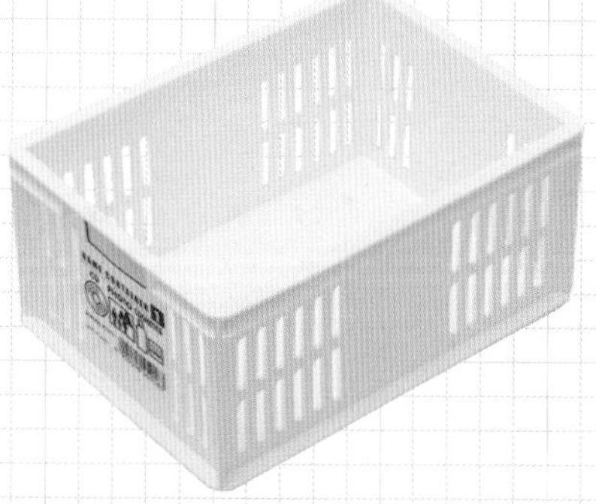

適合用於收納小東西的尺寸

貨櫃屋收納盒（百圓商店）

由於體積小且容量小，適合收納充電器等小東西。可堆疊也是優點之一。
W15×D20.5×H9cm

圓弧角度可堆疊收納盒

PP 化妝盒（無印良品）

可用於收納文具、清潔劑，或者當作托盤放進冰箱冷藏室。可另外添購托盤當蓋子使用。
左／約 W15×D22×H16.9cm
右／ PP 化妝盒 1/2 約 W15×D22×H8.6cm

GOODS No.03 | BOX

多格分類收納盒

可以放在各式抽屜裡使用的收納盒。也可以堆疊起來增加收納量。

自由安排每一格的大小

多格分類收納盒（Seria）

有兩片可拆卸式隔板，可以按個人需求安排每一格的大小。

深型／ W12×D29.7×H8.4cm

淺型／ W12×D29.7×H6.1cm

活用術

依照季節將襪子、褲襪等衣物配件分成上下兩層收納。

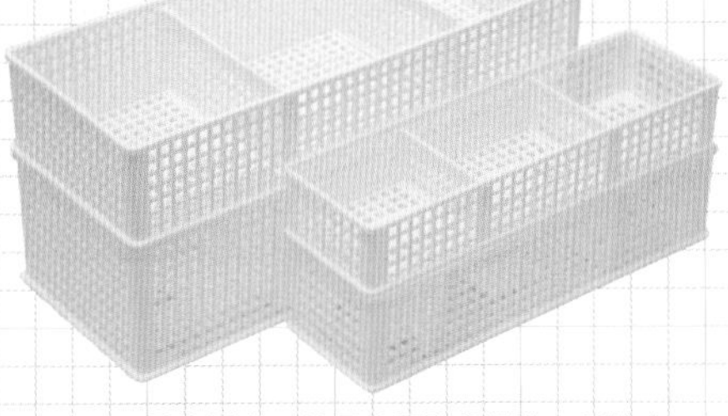

最靠近自己的是瘦長型收納盒。另外也有深型與淺型收納盒。

深型／ W24.5×D7.6×H6.2cm

淺型／ W24.5×D7.6×H4.5cm

只要區區一百圓，非常省荷包！適合居家使用的收納用品

百圓商店的多格分類收納盒，附有2片可移動式隔板，尺寸分為標準型、淺型、深型、瘦長型，顏色則有白色和黑色兩種。收納盒可堆疊，使用頻率高的物品擺上層，使用頻率低的擺下層。可以將料理用具、文具、藥物、衣物飾品等全部分類擺放，一舉增加收納量，是非常實用的收納品項。瘦長型分類收納盒不僅可用於收納文具，也非常適合用於分類化妝品或飾品。

GOODS No.04 | TRAY

抽屜整理盒

除了放在抽屜裡，也非常適合擺放在廚房、洗手台等場所。

1、2、3、4 都可以堆疊在一起。

活用術

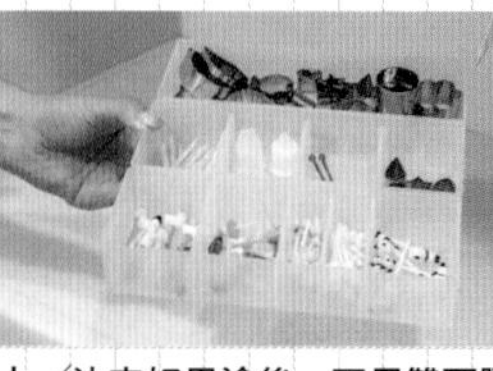

上／決定好用途後，可用雙面膠帶將數個整理盒固定在一起。左／立起來可以當小型立體收納櫃。

恰到好處的絕佳尺寸

PP 抽屜整理盒（無印良品）

3 號整理盒的尺寸非常適合用來收納便當用小牙籤或拋棄式隱形眼鏡。

1 ／ W10×D10×H4cm
2 ／ W10×D20×H4cm
3 ／ W6.7×D20×H4cm
4 ／ W13.4×D20×H4cm

分類小東西時，強烈推薦的品項

能靈活運用的整理盒，分為1、2、3、4四種類型。1的兩倍大是2，1的三倍大是4，可以自由搭配組合。整理盒內側每隔2㎝有一個溝槽，可另外添購整理盒專用隔板，將整理盒細分成更多格（1和2這兩種使用同一款隔板）。可用來收納餐廚用具，但由於盒內長度不夠，不適合收納刀叉等餐具。整理盒的四個角皆為直角，不會浪費一絲一毫的空間，推薦給大家擺放在抽屜裡或其他較大的收納盒中。立起來使用，瞬間變身成小棚架。

GOODS No.05 | KITCHEN TRAY

餐廚多格自由組合收納盒

除了餐廚用具外，也適合用於分類收納文具或衣物飾品等小東西。

收納料理用長筷子的餐廚多格自由組合收納盒

餐廚多格自由組合收納盒（Seria）

雖然名為餐廚多格自由組合收納盒，但除了收納餐廚用具外，也適合用於整理分類各種小東西，堪稱萬能收納盒。

右／W34.8×D12×H5cm
左／W34.8×D8×H5cm

活用術

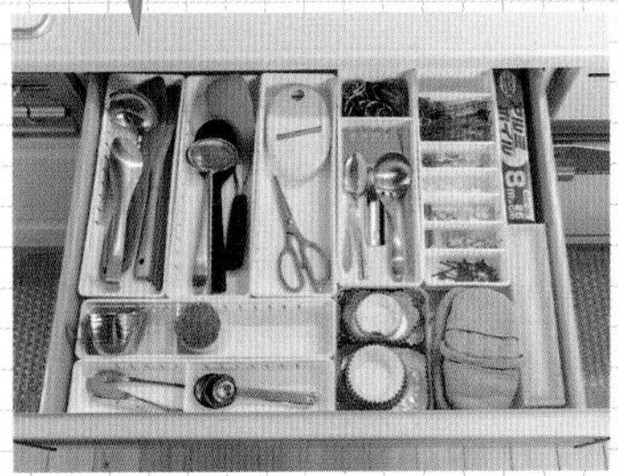

左側照片：收納各種餐廚用具。右側照片：收納化妝品、飾品、太陽眼鏡，清楚分類且方便管理。

價值遠超過百圓的整理盒。多使用幾個，確實感受整理盒帶來的便利性

可用於收納料理用長筷子和大湯勺的餐廚多格自由組合收納盒。種類有寬型和瘦長型2種，顏色有透明和白色2種。瘦長型收納盒附有2片隔板，寬型只有1片，方便大家依物品大小選用最適合的收納盒。

若要擺放在冰箱上層等不易拿取、容易被遺忘的場所，建議使用透明的收納盒。將調味料或食材分類放在收納盒中，不僅能快速拿取，還有助於縮短烹調時間。雖然名為餐廚多格自由組合收納盒，但也適合用於整理文具、化妝品、雜物等體積不大的物品，適合擺放在家中每個角落。

GOODS No.06 | CABINET

桌上型抽屜收納櫃

依種類分別收納於抽屜裡，方便取用，也方便收納！

活用術

頂部類似托盤，可以安穩的擺放其他物品。

分門別類的將藥品、文具、雜物逐一放進抽屜裡，收納量大且容易尋找。

體型迷你卻有驚人的收納量

桌上型抽屜收納櫃
KC-350DR（IRISOHYAMA）

灰色透明抽屜。隱約可見內容物，但不會完完全全被看光。
W30.8×D21×H29cm

「找這裡就一定找得到！」給人十足安心感的多格抽屜收納櫃

深度僅21㎝的迷你收納櫃，但收納效果大為驚人。裝電池等小物的抽屜、裝B5大小紙張的抽屜、裝小藥瓶（可直立）等高型抽屜，9種不同大小的抽屜讓人更容易分類，時常用完就順手一丟的小雜物也能收拾得井然有序。這款抽屜收納櫃有個十分貼心的設計，拉開整個抽屜也不會掉下來，增加使用上的便利性。有同樣21㎝的深度，但寬度較窄的類型，也有深度僅18㎝的類型，尺寸和種類相當多樣化，可依居家收納空間的大小自行搭配組合。

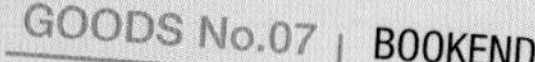

書檔

除了原有用途外，可以靈活運用在各種場所或收納櫃中當隔板。

現在最夯的收納用品。挑選簡約大方的顏色

書檔（SERIA）

除 L 形書檔除了能直接立著使用外，也可以側倒或橫躺使用，是變化性高的萬能收納品項。
W11.5×D8.5×H15cm

像是多了個尾巴的T形書檔，立著使用時相當穩固，但無法有其他用途。

活用術

將書檔側倒作為隔板使用，可避免鄰近的衣物互相交疊在一起。

將空間縱向或橫向分割，收納時最不可或缺的萬能品項

L形書檔無論是顏色、設計和尺寸都相當豐富，而且重點是百圓商店裡就能以銅板價輕鬆入手。

將L形書檔側倒放在衣櫃或抽屜裡當隔板，能使直立收納的細肩帶背心或T恤不會東倒西歪。抽屜側板高的話，可直接將書檔立著放；側板低的話，則將書檔側倒擺放。在我家的收納中，處處看得到這種書檔。另外，市面上也買得到木製書檔，但因為具厚度又占空間，建議大家還是購買鋼製書檔。

可立著擺放在有深度的空間裡。放書時推到最裡面，取書時連同分隔板一起拉出來。

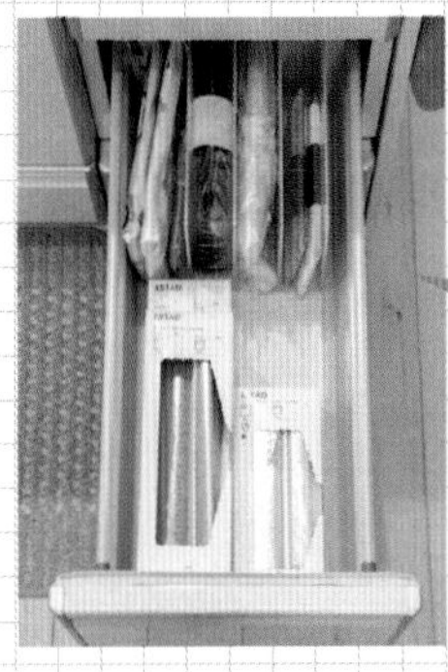

活用術

將分隔板橫倒使用，可用於直立收納擦拭布。拉開抽屜後一目了然，隨時都能知道東西收在哪裡。

※

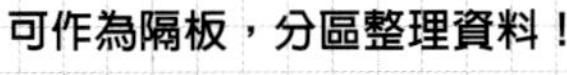

可作為隔板，分區整理資料！

聚苯乙烯分隔板（無印良品）

除了方便分區管理文件資料外，也適用於直立收納擦拭布。

3分隔／W26.8×D21×H16cm

※將隔板立起來並非正常使用方式，容易有歪斜、折損的情況發生，請多加留意。若一定要立起來使用，建議收納一些手帕等重量較輕的物品。

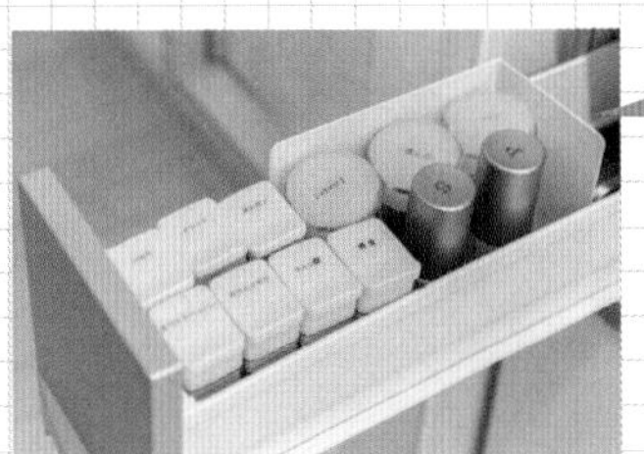

活用術

容量小的抽屜裡，可將書檔側倒作為隔板使用。

活用術

利用書檔讓手機、平板立起來充電，方便又不占空間。

小尺寸的書檔更活躍！

迷你書檔（SERIA）

可放進小型收納盒裡作為隔板使用。

W6.5×D5.5×H8cm

GOODS No.08 | CLOTHES CASE

抽屜收納箱

難以抉擇時，建議購買能因應生活模式改變的單抽式收納箱。

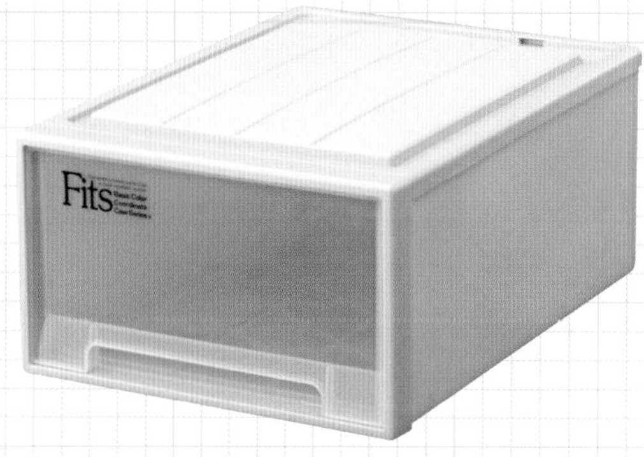

框架堅固又耐用，承重不易變形

Fits 衣櫃用單層抽屜收納箱 M-53（天馬）

Fits 收納箱最大的魅力在於堅固的框架，再加上 90 度的邊角，堆疊後完全不會浪費空間，而且耐重不易變形，相當耐用又實用。

最大外框尺寸約 W39×D53×H23cm

使用空間尺寸約 W33.7×D48.4×H18cm

活用術

考慮到小孩將來會獨立生活，盡量挑選能夠自由組合的單抽式收納箱。其他櫃櫥適用的收納箱也 OK。

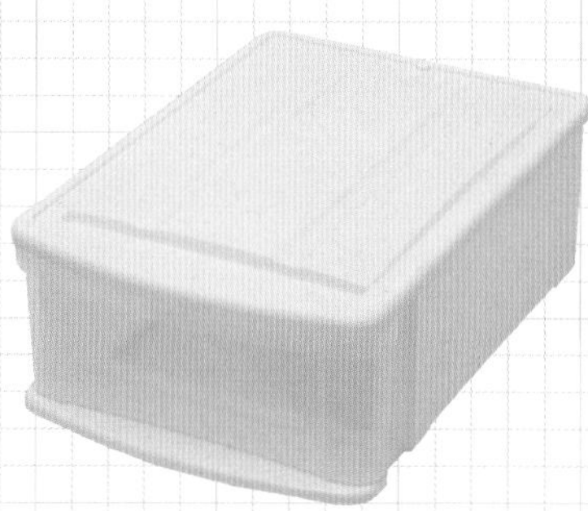

櫃櫥式收納箱（IRIS OHYAMA）

居家修繕中心皆有販售，不夠用時隨時都能輕鬆取得。

約 W42.6×D52.8×H20cm

「過大過小皆不宜」，最理想的抽屜深度是 20cm 左右

計畫購買衣物收納箱時，建議大家挑選能自由組合的「單抽式收納箱」。將來若生活模式改變，這些堆疊的收納箱便能逐一拆開個別使用。

購買衣櫃用收納箱時，過大或過小都不好。雖然說放在衣櫃裡收納厚重冬衣或一些私人物品，但深度也不宜太深。最理想的抽屜深度是 18～23 cm，超過 30 cm 的話，被堆在最裡面的衣物難有重見光明的那一天，即便將衣物改以直立方式收納，衣物上方產生的空間也無法再利用。因此抽屜深度約 20 cm 的收納箱應該會是最佳選擇。

GOODS No.09 | S-SHAPED HOOK

S 形掛鉤

收納用品中的萬能品項，有各種尺寸和使用方法。

活用術

先將 S 形掛鉤穿過伸縮桿，然後將衣物飾品逐一吊掛於掛鉤上。

適用於吊掛飾品的迷你 S形掛鉤

S 形掛鉤（居家修繕中心）

居家修繕中心的 S 形掛鉤區也找得到迷你版的小型 S 形掛鉤。

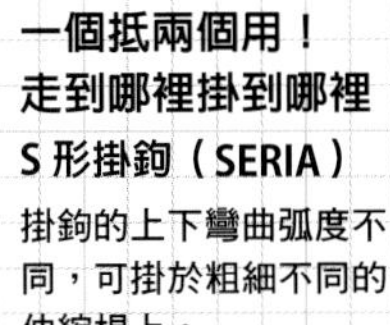

一個抵兩個用！走到哪裡掛到哪裡

S 形掛鉤（SERIA）

掛鉤的上下彎曲弧度不同，可掛於粗細不同的伸縮桿上。

活用術

不同長度的多變 S 形掛鉤。由於物品的吊掛高度不同，全部推向單側時，會因為高度差異進而創造出更多收納空間。

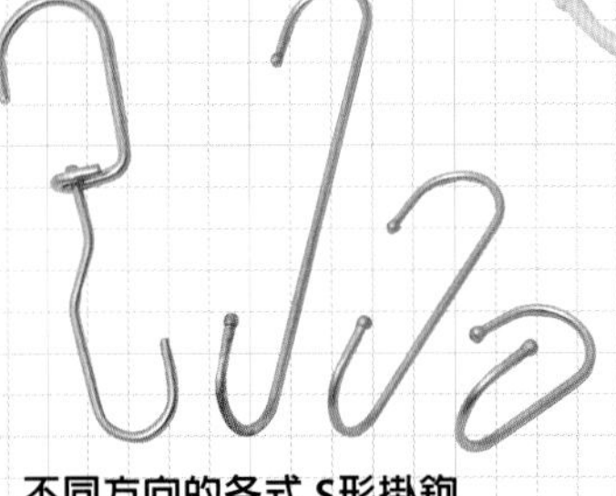

不同方向的各式 S形掛鉤

多變 S 形掛鉤（大創）

不同方向的各式 S 形掛鉤，不僅增加使用上的靈活度，更有助於靈活運用收納空間。

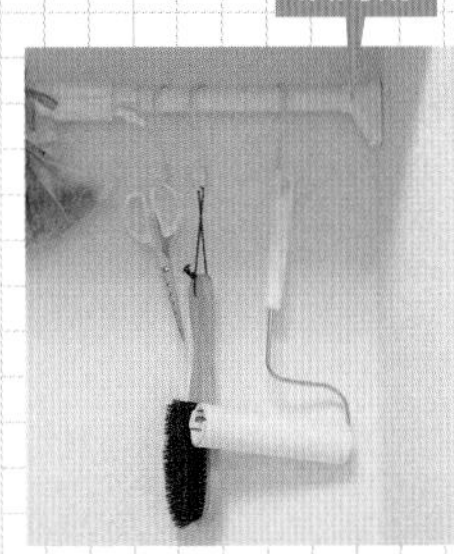

活用術

在衣櫃深處架一根伸縮桿，並使用 S 形掛鉤將保養衣物用的小工具吊掛在上面，方便隨時取用。

善用空間的最佳幫手 S 形掛鉤

S 形掛鉤是最萬能的收納用品，這句話所言不假。S 形掛勾的材質有木製、塑膠製、鋼製，而尺寸從特小到特大應有盡有。另外，雖通稱為 S 形掛勾，但其實還包含上下同方向彎曲或下端可自由旋轉等各種樣式。

建議大家前往居家修繕中心，依設計和用途挑選合適的掛勾。百圓商店裡買得到最普通的 S 形掛勾，但特小型和加長型掛勾，五金行的售價可能更便宜，建議大家多比價。

GOODS No.10 | HANGER

衣架

要將衣服收納得整齊又美觀，捷徑就是使用同一種衣架。收拿方便度也會因衣架種類而有所不同。

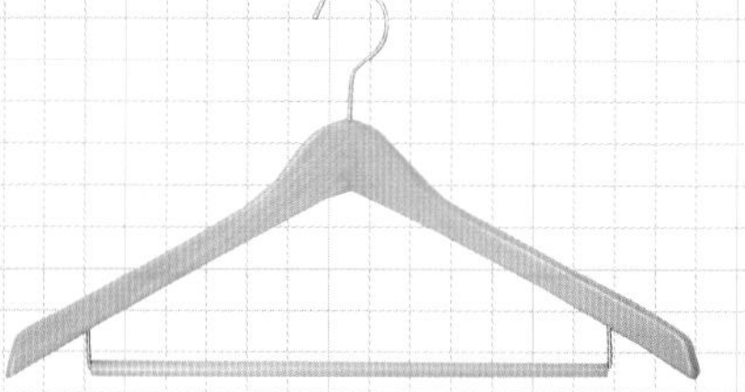

木製衣架

肩膀部位加厚，獨特線條適合吊掛洋裝。W44cm

簡約型衣架／白色（MAWA 衣架）

表面經特殊加工，具超強止滑功能，固定衣服完美形態，不易產生縐褶。約 W46.5cm

鋁製衣架 3 支組（無印良品）

輕巧、便宜又不占空間的簡單型衣架。約 W41cm

便利小物

衣架專用的半透明防滑貼

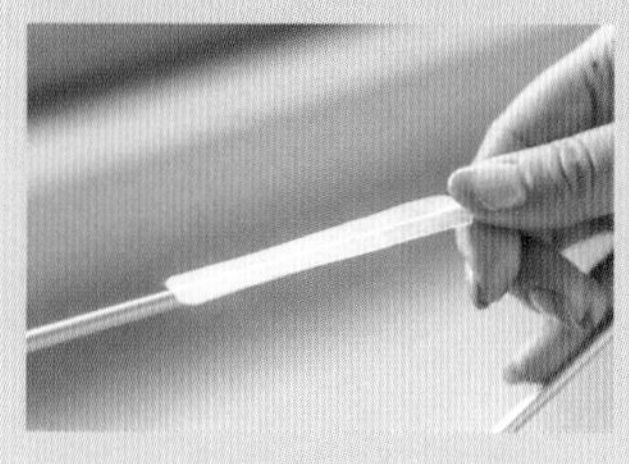

使用鋁製衣架時，常有衣服不小心滑落的情況發生，只要貼上衣架專用防滑貼，便能輕鬆防止衣服滑落。止滑貼／W5cm（東急 HANDS）。

植絨衣架（大創）

經不起毛加工處理，不僅防滑又不傷衣料。W45cm

男性與女性共用的話，推薦挑選寬度為41～44cm的衣架

配合衣服種類、材質等挑選衣架，不僅能維持最佳衣況，還能提高收納便利性。但同一個衣櫥裡若交錯使用顏色和材質不一致的衣架，容易因為衣服肩線高低不同而給人零亂的感覺，同時也會造成拿取上的困難。

木製衣架具有防潮效果、不易產生靜電，而且衣架獨特線條非常適合吊掛洋裝、西裝、外套或大衣。使用長褲、裙子專用衣架，就無需擔心吊掛久了產生摺痕。而絲巾專用衣架，能有效防止絲巾產生縐褶或糾纏在一起。

男性與女性的肩寬不相同，建議分別購買合適的衣架，但如果要

鋁製衣架 1 層裙／褲用（無印良品）

衣架輕巧，衣夾能確實夾緊裙、褲。

W35×D3×H16cm

PP 衣架／薄型／附衣夾（無印良品）

方便收納含衣服、褲（裙）在內的套裝。

約 W41cm

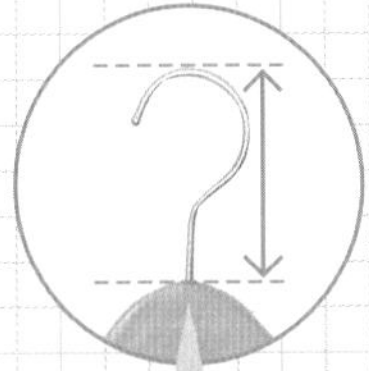

為求外觀整齊，盡量挑選這個部位是同樣長度或差不多長度的衣架。

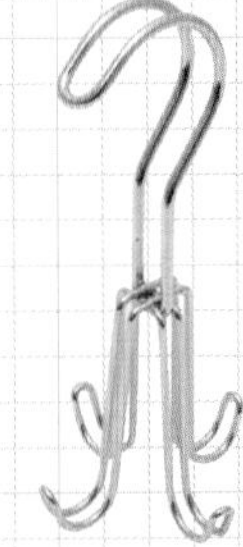

方便拿取與收納的皮帶用衣架

皮帶用鋼製衣架（宜得利）

無論掛什麼都能一目了然的衣架。

W8.5×D8.5×H7.5cm

活用專用衣架，衣櫃看起來更清爽

皮帶／絲巾防滑衣架（2 支組）（宜得利）

可用於吊掛絲巾、皮帶、披肩、圍巾等的專用衣架。

W13.5×D0.7×H21cm

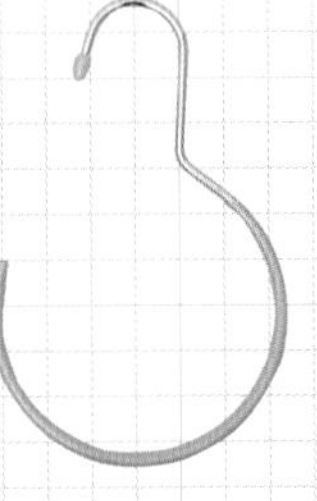

鋁製衣架褲／裙專用 3 層（無印良品）

一次掛 3 件，節省更多收納空間。適合用於吊掛非當季的衣物。約 W35×D3×H38.5cm

褲用防滑衣架，哪一種好呢？

左／宜得利　褲用防滑衣架
右／CAINZ　不鏽鋼褲用衣架

這兩種衣架的外觀非常相似，但掛在衣櫃裡時，宜得利的衣架開口處朝向自己，而 CAINZ 的開口處朝向衣櫃內側。朝向自己的方便拿取，朝向內側的較具穩定性。無所謂好壞，全憑個人喜好，但不建議兩種混搭使用。

左／W34×D0.7cm　右／W35.5×D1.2cm

共用的話，41～44㎝寬度的衣架可供吊掛女性或男性M尺寸的衣物。

GOODS No.11 | TENSION RODS

伸縮桿

使用伸縮桿，中空的小地方也能做為收納空間。

伸縮桿

伸縮桿、頂天置物架、頂天架…不僅款式多，色彩也相當豐富。挑選之前請慎重評估使用場所與收納物品。
從 15cm 至 2m 的長度都有，尺寸非常多樣化。

活用術

IKEA 的 SUNNERSTA 系列壁掛桿，可用於收納手持式除塵拖把的除塵紙或除塵紙拖把的替換紙。能充分活用死空間。

和收納筒搭配使用！

SUNNERSTA 系列
收納筒（IKEA）
容量／ 750ml
W12×D11×H13cm

活用術

將垃圾分類袋收納在垃圾桶裡面。上方伸縮桿吊掛垃圾袋，下方伸縮桿則壓住垃圾袋，這樣就能 1 次抽取 1 個。

自由組合！活用伸縮桿的空中收納術

伸縮桿的尺寸非常多樣化，從百圓商店販售的輕巧型細長伸縮桿到居家修繕中心販售的壁掛桿應有盡有。顏色更是琳瑯滿目，白色、黑色、木紋和印刷花紋等等，可以搭配居家裝潢自由選擇。

使用伸縮桿的「吊掛收納」能將物品收納於中空場所，有效活用空間，不僅能自行決定高度，也能自由搭配，使用上非常方便。但吊掛太多物品容易造成伸縮桿掉落，請務必確認伸縮桿的承載重量後再使用。

多元化的使用方法！
使用伸縮桿簡單 DIY

床頭後方的死空間容易囤積灰塵，造成打掃上的困難。在這個空間安裝 2 根伸縮桿。

完成！

伸縮桿上架一塊板子，簡易層架完成了。可以擺放鬧鐘等小東西。

活用家具與牆壁間的縫隙！

基於建築物的構造，有時家具與牆壁間會形成一些令人苦惱的死空間。這時候最能派上用場的是伸縮桿。伸縮桿能創造出簡單的收納空間，不浪費家中任何一個角落。

有效活用牆壁凹洞！

這裡的凹洞指的是結構柱之間形成的內凹部分。曾經想過訂製一個尺寸剛剛好的櫥櫃，但使用伸縮桿 DIY 層架能省下不少錢。這也算是省錢的一種方式。

完成！

在凹洞空間中完成 DIY 層架！

1
在沙發後方的殺風景空間裡安裝 2 根伸縮桿。

2
使用白塞木（木材的一種）製作「ㄈ」字形層板，並貼上剩餘的壁紙加以美化，然後以插入方式蓋住伸縮桿。

\還有還有！/

各種便利的收納用品一併解決整理・收納時的疑難雜症

為各位介紹實用又方便的收納小物，讓您有效利用家裡的每個角落。

GOODS 01 鍋蓋平底鍋 收納架

活用術

可以將平底鍋、鍋子、鍋蓋都立起來收納，拿取更方便。

直立式收納有效活用具有深度的抽屜空間

伸縮式鍋蓋平底鍋收納架（伸晃）

鋼製的堅固收納架。M 字形放置凹槽更容易收納鍋蓋。收納架底板每隔 2cm 有 1 個小洞，可以自行調整間距，只要抽屜夠高，任何平底鍋都能直立收納。
W29 ～ 51×D20.3×H17.2cm

GOODS 02 餐具收納架

活用術

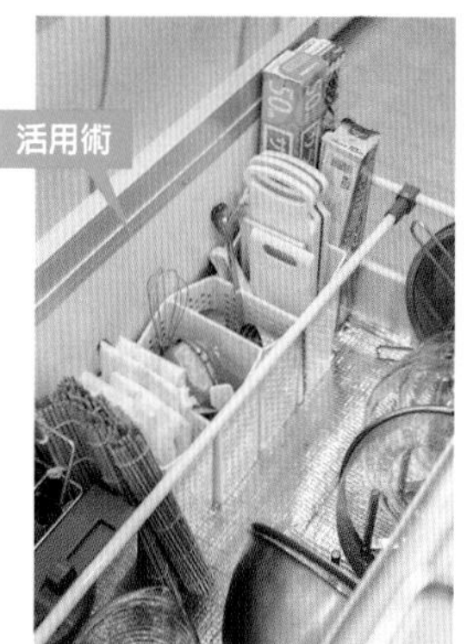

除了刨絲器、量匙等料理用具，也可以將超市塑膠袋摺成四角形後立起來收納。

有助於立式收納的最佳廚房收納用品

多功能餐具收納架附吸盤（SERIA）

可用於細分各類餐具的多功能餐具收納架。直接擺放或以吸盤貼於牆壁上使用。
W11.9×D8.4×H17.6cm

將整理盒置於冷藏室上層時，為了方便看清楚內裝食材，建議使用透明材質。照片為 SERIA 的寬型餐廚整理盒。

我家冰箱抽屜裡擺得剛剛好的整理盒是無印良品的 PP 整理盒 2（約 W8.5×D25.5×H5cm）。正好夠裝所有保冷劑。

GOODS 03 整理盒

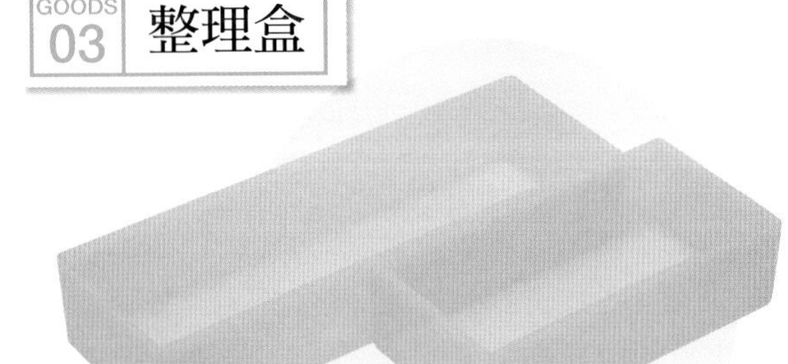

＼冰箱中的好幫手／

活用術

可用於收納各種油品、液體調味料，有效避免翻倒而溢出。

可用於分類、防止髒汙……萬能整理盒

系統整理盒（大創）
L（後面）、M（前面）

除了照片中大創的整理盒外，市面上還販售各種類似的系統整理盒。請大家依用途選擇適合的尺寸。建議大家挑選可拆式隔板的款式。
照片（後）：L／W7.8×D23.4×H4.45cm
照片（前）：M／W7.8×D15.6×H4.45cm

＼直立式收納／

先將裝袋後的食材平放於冷凍庫，結凍後再豎起來收納保存。

將海灘鞋裝入夾鍊袋中。充分活用夾鍊袋作為旅行時的分裝袋。

GOODS 04 拉鍊式夾鍊袋

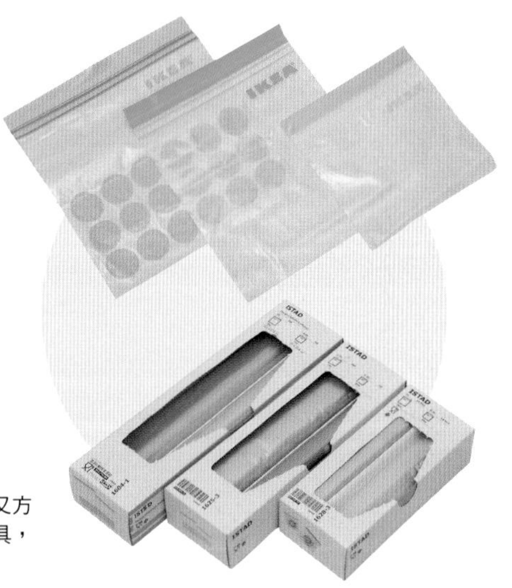

除了食材，也可以分裝衣物或小東西

ISTAD 食物袋（IKEA）

將常用食材裝入拉鍊式夾鍊袋中，容易收納又方便取用。也可以用來分裝衣物、海灘鞋或文具，好收又好保存。

GOODS 05 保鮮密封棒

魔法保鮮棒用於
保存開封後的袋中食物

保鮮密封棒（KURARAY）

將袋口對摺，從側邊插入即可輕鬆密封的保鮮密封棒。可用於保存已開封且未食用完畢的食品，因具有不滲漏的特性，最適合用於保存醃漬食材。照片中由上至下依序為 3 號、4 號、5 號。

搭配收納盒一起使用！

使用保鮮密封棒封住開封且未食用完畢的食品，然後再吊掛於宜得利的收納盒中。

\ 紗代推薦品！ /

廚房用的各種便利收納用品

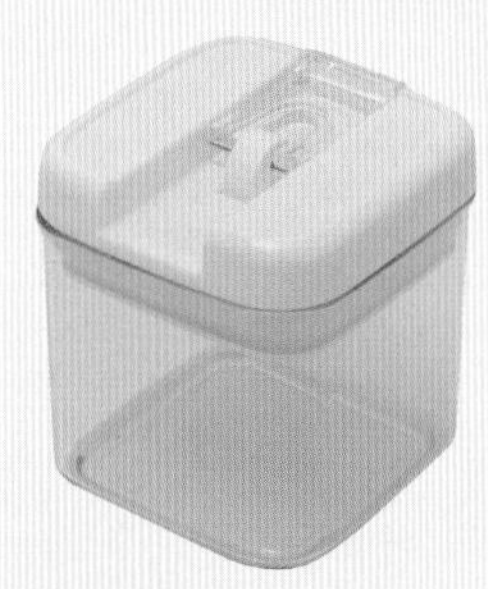

可裝食品或清潔劑的
方便容器

**能單手開關的
彈壓式密封罐正方形
500ml（CAINZ HOME）**

烹調食物時，單手操作就能輕鬆開關的保存容器。大小規格多樣化。

冷凍切好的洋蔥，
輕鬆取出所需分量

掀蓋保鮮盒（SERIA）

將切成細丁的洋蔥裝入容器中冷凍保存，稍微搖晃一下就能輕鬆取出所需分量。

收納用品的創意！

分類盒　名片座（SERIA）

活用文具分類盒或名片座等來收納袋裝味島香鬆調味料。

GOODS 06 磁鐵掛勾

活用術

平時吸在抽風機內側，需要時再移到外側，可用於吊掛抹布晾乾。

＼也可以吸在這裡！／

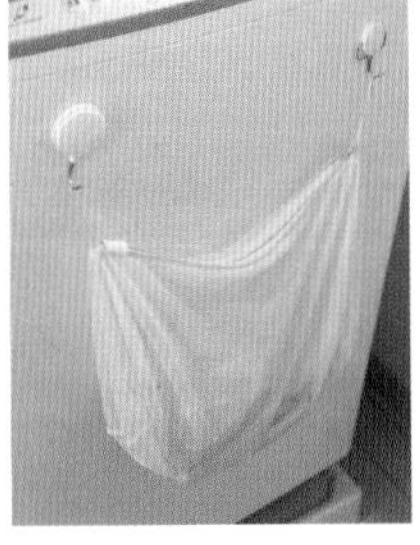

吸在洗衣機上，可用於吊掛洗衣袋，非常方便。

使用方式因款式而異。適用於居家各個角落

強力磁鐵掛勾（百圓商店）

有金屬的地方都能輕鬆吸附的強力磁鐵掛勾。強力推薦給不想在牆上鑿洞的人。抽風機旁、冰箱側邊、洗衣機等，周圍有水的地方也沒問題。

收納用品的創意！

活用百圓商店的黏貼式掛勾作為眼鏡架

百圓商店販售的黏貼式掛勾活用法。可將掛鉤黏貼在洗手台附近，用來吊掛眼鏡或髮箍。鼻狀物為「DULTON」的眼鏡架。

GOODS 07 掃具收納夾

將打掃用具整齊吊掛於牆壁上

掃具收納夾（大創）

夾住掃具等棒狀部位的收納夾。利用雙面膠帶將收納夾固定於牆壁上，若收納夾一直向下滑動，可用加熱後的牙籤刺穿收納夾後方的凹洞，改用螺絲釘穿過凹洞的方式固定。

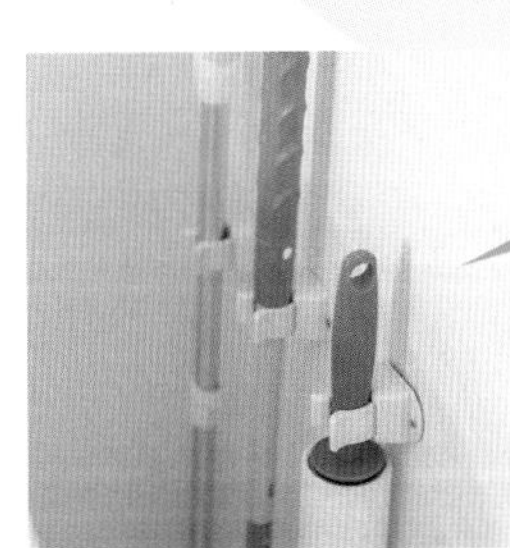

活用術

使用掃具收納夾將除塵紙拖把、隨手黏除塵滾輪等都吊掛於牆壁上。

GOODS 08 隔板下掛籃

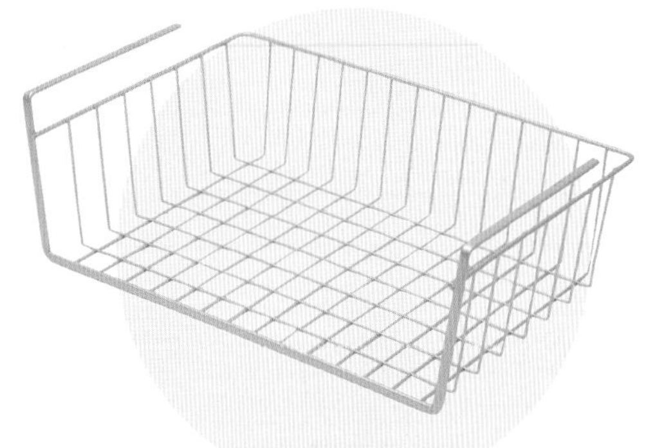

善用櫥櫃隔板下方空間的下掛籃

隔板下掛籃（YONTREE）

吊掛於櫥櫃隔板下的掛籃（金屬框）。百圓商店的掛籃較不載重，放太重的物品易使金屬條變形。另外，購買前需注意家中隔板的厚度。W40.5×D25×H14cm。適用於厚度 0.5 ～ 3cm 的隔板。

活用術

吊掛於櫥櫃隔板下使用。掛於廚房時可收納便當盒，掛於浴室時可收納毛巾，掛於鞋櫃裡可收納拖鞋。

GOODS 09 螺紋層板粒

使用層板粒輕鬆增加層板數以提高收納量

螺紋層板粒
（居家修繕中心）

想要增加收納量，必須增加可以劃分空間的層板。大家可能覺得增設層板很困難，但其實只要使用螺紋層板粒，就能簡單又輕鬆的增加層板數量。

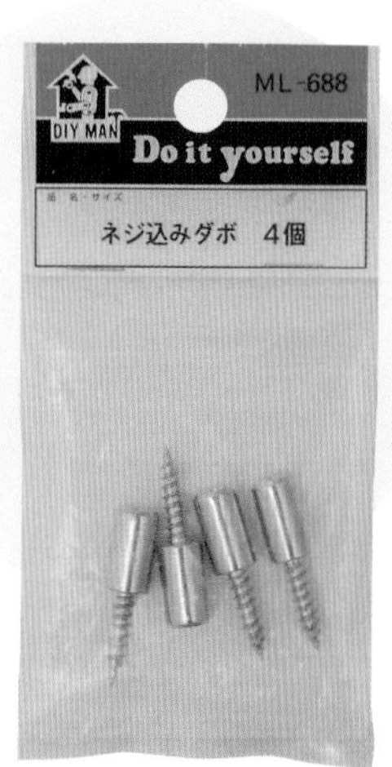

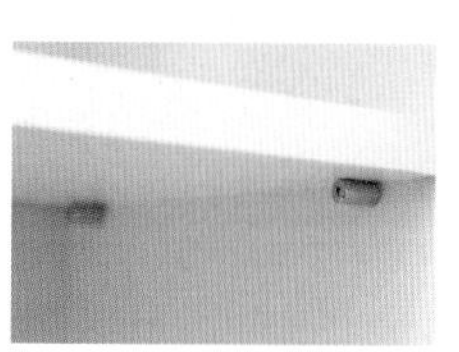

在需要架設層板處的四個角落旋入螺紋層板粒，再來擺上層板就完成了。一把螺絲起子就能簡單架設層板。

＼還有這種方法！／

使用支柱板增設層板

在左右兩側擺放支柱板，然後架上層板，最後再用雙面膠帶固定。非常簡單的

與玻璃同色系的收納

使用壓克力ㄇ形架，變身成小型玻璃餐具收納櫃。透明材質能看得一清二楚。約 W26×D17.5×H16cm（無印良品）

GOODS 10 雙面膠帶

DIY的最強幫手。
配合材質使用不同類型的雙面膠帶

雙面膠帶

雙面膠帶不僅能用於紙類，還適用於塑膠、金屬和木頭（超強力、雙面泡棉膠帶），依用途使用不同類型的雙面膠帶。

\ DIY /

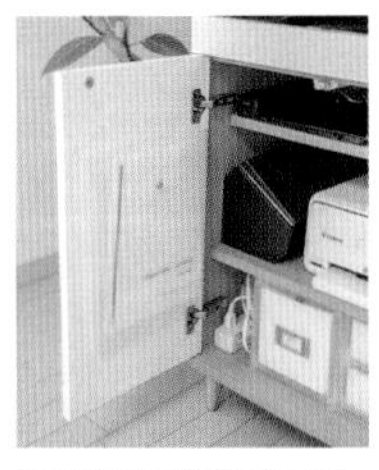

使用雙面膠帶將有厚度的透明資料夾黏貼於櫥櫃門片內側，可用於收納試印紙等紙張。

使用雙面膠帶固定收藏用的雀巢咖啡膠囊。

活用術

取一塊具磁性的白板，並且取下外框。「大創」商品。

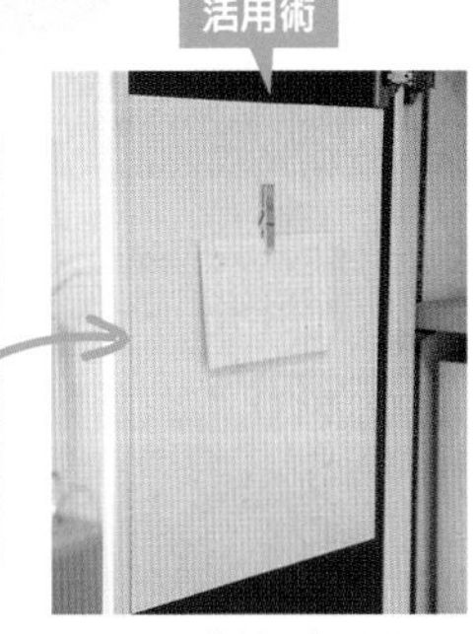

用雙面膠帶將白板貼在門片內側，可用來黏貼月曆或重要事項。

GOODS 12 忍者圖釘（Ninjapin）

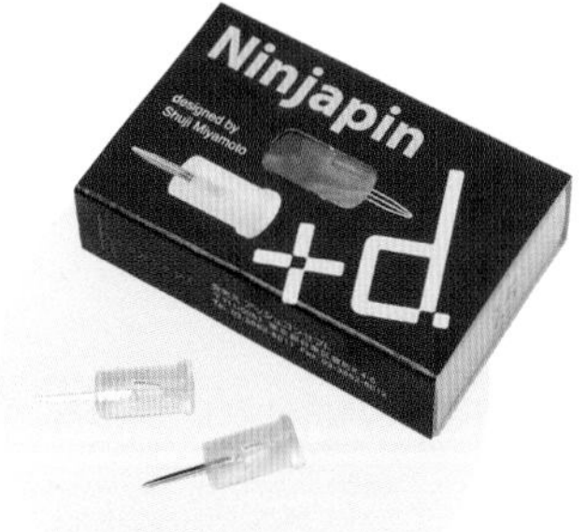

不留釘痕的圖釘

忍者圖釘（KONCENT）

不會在牆面留下明顯釘痕的圖釘。挑選透明的圖釘比較不突兀。

GOODS 11 摺疊式掛鉤

摺疊式掛鉤的外觀
簡約又俐落

BJÄRNUM 摺疊式掛鉤（IKEA）

使用時打開，不用時摺疊收納，絲毫不占空間。外觀簡單俐落又具功能性（需另外添購螺絲配件）。這是 3 件一組的包裝。
W3×D8×H8㎝

活用術

可以事先搭配好隔天要穿戴的衣物，連同飾品一起掛好，是非常方便的收納小物。

GOODS 13 鞋子收納盒

\ 可以清楚看到收納物 /

非當季使用的鞋子收在最上層。收納高跟鞋時，可將鞋盒豎起來使用。

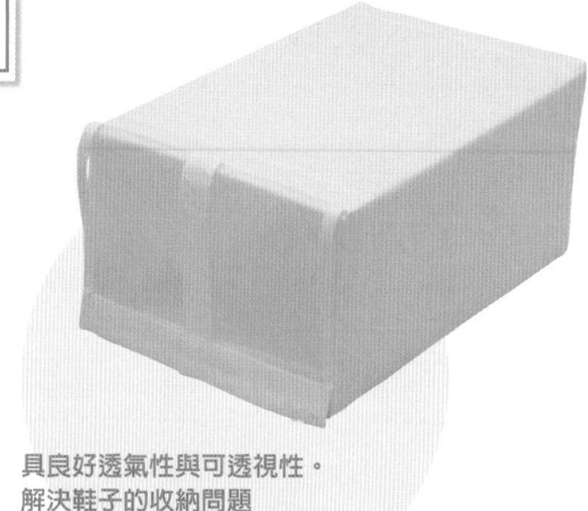

具良好透氣性與可透視性。
解決鞋子的收納問題

SKUBB 鞋盒（IKEA）

前面的網狀設計可以輕易看到裡面的鞋子，具通氣性的同時也能預防潮濕。利用魔鬼氈固定，方便開關，不需要時還能摺疊收納。
W22×D34×H16cm

GOODS 14 雜誌架

用於整理容易堆積成塔的紙袋

雜誌架 TANTO（宜得利）

兩側附有把手孔的雜誌架，可用於收納書籍、報紙，也可以作為紙袋的收容所。顏色有白色和深棕色兩種，容易搭配室內裝潢。W34×D20×H27cm

活用術

這麼大的紙袋是平時最常使用的尺寸。

\ 不需要時摺疊收納 /

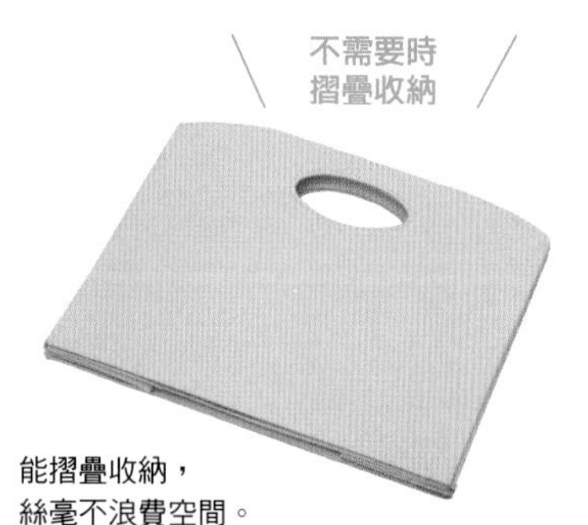

能摺疊收納，
絲毫不浪費空間。

解決
日常小壓力
的方便小物

GOODS 15 壓克力小物收納架

可以作為筆筒使用

壓克力小物收納架／斜口（無印良品）

透明壓克力無論裝什麼都能一目了然。斜內口的設計，方便拿取。也很適合收納遙控器。W約8.8×D13×H14.3㎝

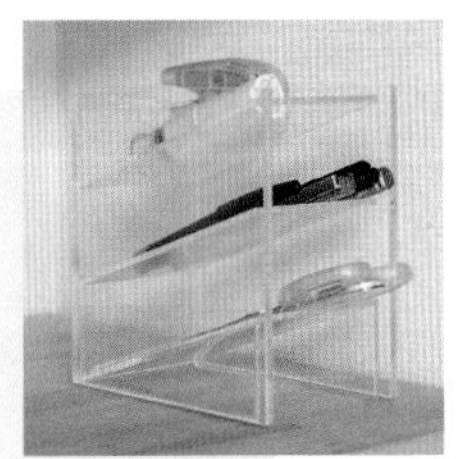

最上層擺放印章或釘書機，第二層放筆，第三層放尺、小刀等。

GOODS 16 一片式收納盒

不需要時攤開成一片，方便收納。

回家後隨身小物的安居小窩

一片式收納盒〔大〕（宜得利）

家裡隨時備有一兩個，真的非常方便。回家後脫下來的手錶、口袋裡的小東西都能暫時擺在收納盒裡。家中有訪客時，也能攤開充當餐具墊。

GOODS 17 防刮腳墊

不易沾附塵埃，方便輕鬆打掃

防刮腳墊圓形腳套式（NICHIAS）

裝在椅子、桌子等平時經常移動的家具腳上，既能避免刮傷地板，也能降低摩擦產生的噪音。居家修繕中心有各種尺寸和種類供大家挑選。

圖中為圓形腳套式防刮腳墊。另外也有四方形的防刮腳墊。

GOODS 18 長靴夾架

插在花瓶裡，方便訪客使用。

深受訪客喜愛的可愛造型

長靴夾架（SERIA）

放在馬靴裡可避免馬靴東倒西歪，並保持馬靴原有的直挺形狀。百圓商店就買得到。棒狀鐵條非常堅固，上方的薔薇造型也十分討喜。

整理

解決 糾纏不清電線的方便小物

GOODS 19 電線收納夾

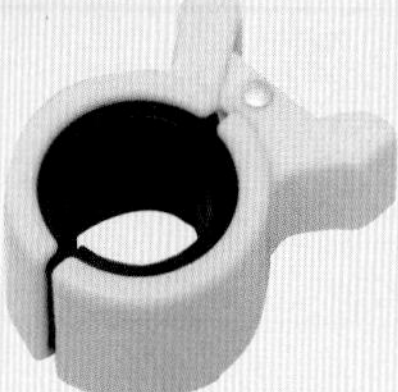

一個簡單動作，輕鬆整理電線

電線收納夾 M（大創）

3cm 的寬度能確實夾住電線。適合收納電烤盤或電棒的電線。白色，M 尺寸最實用。

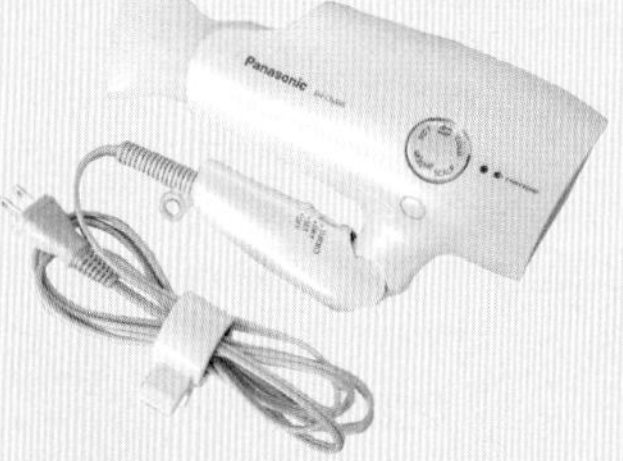

解決　因為是每天使用的電器，以電線收納夾集線最方便。

GOODS 20 配線槽

安裝方式很簡單，可依居家需求自行配置。

隱藏凌亂的垂吊電線

方形配線槽

將垂吊的電線裝入附有背膠的配線槽內，美觀又安全（建議前往種類較為豐富的居家修繕中心挑選）。

GOODS 22 捲線器

聰明收納電腦周圍的雜亂電線

捲線器（百圓商店）

用捲線器將電腦四周圍的電線收納得乾淨俐落。

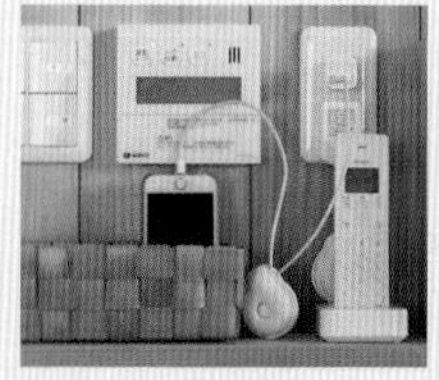

解決　大創的電線整線器，大的 1 個，小的 2 個。

GOODS 21 多功能理線收納管

將電視周圍的電線整理得井然有序

多功能理線收納管（百圓商店）

將多條電線全部收納在一起，單一管線更有利於打掃。建議挑選內徑為 15 ㎜左右的收納管。電線長度不一也沒關係，能夠在任何適當位置拉出接頭。

解決　將電視等設備的電線用黑色收納管全部整理收納在單一管線中。

GOODS 23 集線盒

隱藏

集線盒（3COINS）

側面有許多供電線接頭出入的洞孔。集線盒內擺放延長線的話，記得將插座部位面向側邊。W27×D7.5×H7.5cm

插座電線收納盒（SERIA）

電線從兩側洞孔出入，底部有散熱風口設計，可避免電線過熱。有白色和棕色可供選擇。外盒尺寸為W8.2×D22×H9.5cm

解決

配合家具顏色挑選收納盒，外觀簡樸又不突兀。

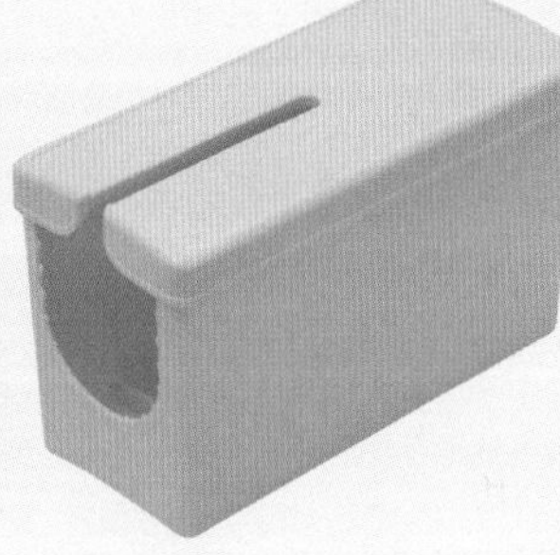

除塵滾筒收納盒（SERIA）

將過長的電線收入收納盒中，能有效避免沾附塵埃。收納盒有足夠的高度，再長的電線都能放進去。除了照片中的白色外，還有棕色。W9×D20.1×H11.4cm

GOODS 24 插座與分接器

插頭部分也不能輕忽喔！

轉向多孔插座（百圓商店）

垂直於壁面的分接器容易堆積灰塵，但轉向多孔插座能夠平貼於壁面，看起來更加俐落。

注意方向！

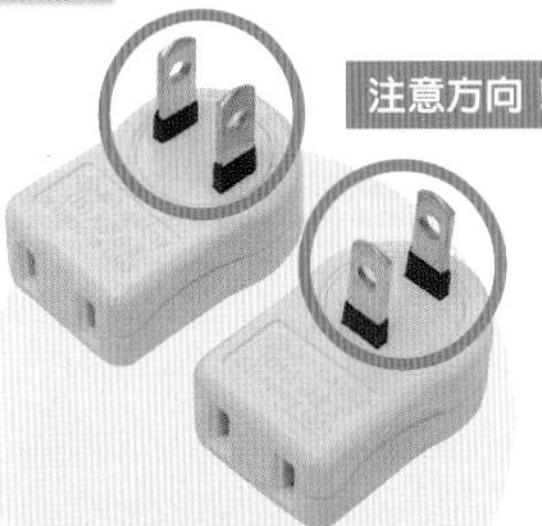

L型橫向插頭／L型縱向插頭分接器（大創）

能夠改變插頭方向的分接器。分接器太大，空間又太狹窄時，最需要這種能轉向的插頭分接器。

節電分接器（大創）

不需要拔插頭，輕輕一按就能輕鬆開關電源。另外也有2座、3座的款式。

將家人物品分類得一目了然

GOODS 25 醫療資料夾

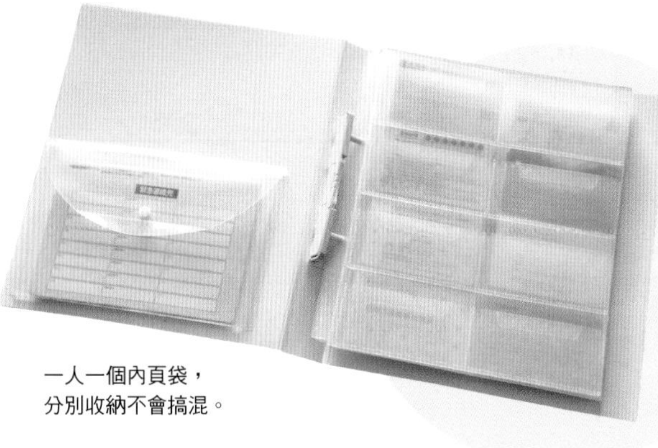

一人一個內頁袋，
分別收納不會搞混。

分類整理好
每個家人的就診掛號證，
整齊又好找！

活頁收納家庭醫療資料夾 B5（KING JIM）

適合收納家人的掛號證、收據、用藥手冊等。B5 尺寸能夠放進 A4 大小的收納盒中。內頁袋另購。

GOODS 27 相片貼紙

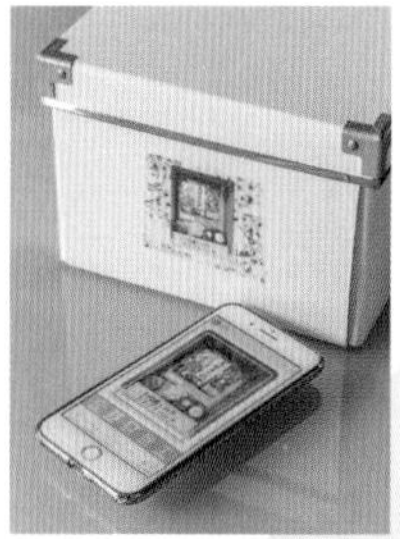

看照片就能知道盒中內容物。

好貼好撕的紙膠帶，靈活運用在各個場所。

收納盒裡裝了許多小東西，
希望不開蓋就能知道裡面裝了什麼！

相片貼紙光面相片紙 4 面 5 張（A-one）

將智慧型手機拍攝的相片以手機應用程式處理後，就能透過列表機列印成貼紙。iPhone 和 Android 皆能下載應用程式。

GOODS 26 標籤機

標籤機是收尾工作中
不可或缺的好幫手

GIRLY TEPRA 標籤機（KING JIM）

能夠收納在抽屜裡的小型標籤機，雖然不大，功能卻很齊全。可以直接擺在裝飾盒裡使用。

GOODS 28 分類資料夾

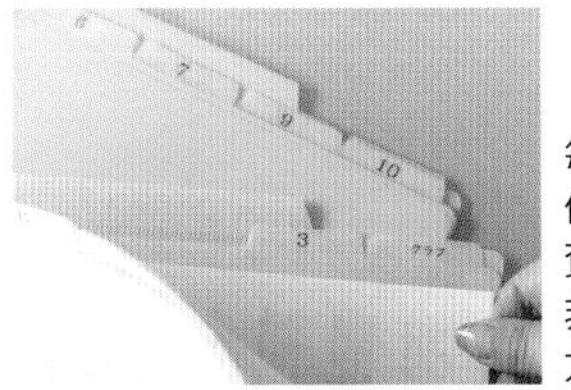

每個分頁貼上月份標籤，將當月資料夾在裡面，非常簡單的歸類方法。

將學校的講義、家務大小事的書面資料收納得更容易管理！

索引文件夾 6 格／索引文件夾 12 格 A4（SEKISEI）

分為 12 格 13 插與 6 格 7 插兩種規格。將各種書面資料按月份收納管理。

立體檢索分類文件夾（Lihit Lab）

附有小開關，可避免文件夾中的資料滑落。立體檢索背條，清楚標示內裝文件。可以縱向或橫向使用，無須刻意挑選適用的吊夾架。1 包有 5 個同色文件夾。只要改變立體檢索背條的方向，就能輕鬆分區收納。

百圓商店的商品 NG 因為它不耐用

百圓商店的吊夾架材質不耐久用，適合暫時收納。若要長期保存，建議挑選堅固材質的吊夾架。

GOODS 30 掃描器

掃描照片並存檔

Omoidori（PFU）

iPhone 專用掃描器既能避免翻拍照片時產生的反光現象，又能簡單掃描並加以儲存。除此之外，掃描器會自動辨識照片上的日期，並依時間先後順序排列。另外也可以拍攝兩張照片後再合成。※ 無法對應 iPhone plus、ipod touch、Android 機種。

GOODS 29 相簿

小孩參加學校活動的照片有大有小，想整理得更整齊美觀！

大容量相簿 3.5×5 英吋 360 頁（Nakabayashi）

一本共有 360 頁，可收納 3.5×5 英吋的照片。由上方開口放入照片的話，也可以用於收納 4×6 英吋照片或全景照片。外殼有黑色、藍色和紅色可供選擇。

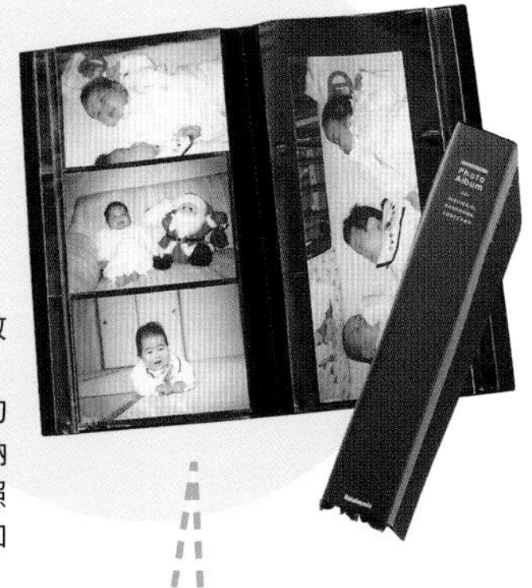

挑選相簿的注意事項

- 黑色背景
- 相簿尺寸不要太大
- 能收納全景照片的相簿為佳

挑選收納用品時，隨時留意材質的優點與缺點，有助於降低失敗機率。參考一覽表並仔細比較，相信您的挑選方式一定會有所改變。

使用場所	強度	保養	價格
任何場所	強	簡單	便宜
不適合有水的場所	強	簡單	昂貴
注意有水的場所	強	簡單	依大小而異
不適合有水的場所	弱	容易堆積灰塵	便宜
不適合有水的場所	依布料種類而異	部分能清洗	依布料種類而異
部分不適合 有水的場所	強	容易堆積灰塵	昂貴
任何場所	依塑膠厚度而異	簡單	便宜
不適合有水的場所	不耐撞擊（易破）	簡單	便宜
任何場所	強	簡單	昂貴

30cm ※ 大約是日圓千元鈔票的長邊（15cm）×2

多格分類收納盒
W29.7×D12×H8.4cm
（Seria）請參照 P40

收納盒標準型
W38.9×D26.6×H23.6cm
（宜得利）請參照 P38

附手把收納盒
W18×D29×H20cm（KEYUCA）

35cm ※ 大約是 B4 紙張的長邊（36.4cm）

餐廚整理盒寬型
外盒尺寸 W34.8×D12×H5cm
（Seria）請參照 P42

聚丙烯檔案盒／
標準型・寬型 A4 用・白灰
外盒尺寸約 W15×D32×H24cm
（無印良品）請參照 P36

SKUBB 收納盒
W31×D34×H33cm（**IKEA**）

40cm ※ 大約是 2 瓶 500ml 保特瓶（21.4cm）疊起來的高度

收納盒標準型
W38.9×D26.6×H23.6cm
（宜得利）
請參照 P38

可堆疊藤編長方形籃・大
約 W37×D26×H24cm
（無印良品）
請參照 P39

可堆疊藤編長方形籃・中
約 W37×D26×H16cm
（無印良品）
請參照 P39

註）這裡所介紹的皆為可配合收納空間改變擺放方向的收納用品。

收納用品依材質（用途等）分類一覽表

材質	形狀	優點	缺點
PVC 塑膠	盒、箱	隨處可購買	廉價感
木頭	盒、盤	具調節濕度的功用	販售店家較少
鋼	籃、S 形掛鉤、L 形鋼架	不易損壞、耐用	重
紙	檔案夾、盒	輕巧	容易損壞、破裂
布料	盒、袋、蓋子	容易搬運	可能會發霉
藤（天然材質）	籃、盒	適合搭配室內裝潢	可能會遭蟲蛀
PE 塑膠	袋、包	容易分類	可能會破、廉價感
合成皮	盤、盒	適合搭配室內裝潢	細看會有廉價感
壓克力	箱、盒	適合搭配室內裝潢、時尚感	容易損傷

收納用品依空間大小分類一覽表

除了下列品項外，還有其他各種適合的收納用品，這裡僅列出較具普遍性的幾種。

15cm ※大約是日圓千元鈔票的長邊（15cm）

PP 抽屜整理盒 4
約 W13.4×D20×H4cm
（無印良品）
請參照 P41

PP 化妝盒
約 W15×D22×H16.9cm
（無印良品）
請參照 P39

PP 化妝盒 1/2
約 W15×D22×H8.6cm
（無印良品）
請參照 P39

貨櫃屋收納盒
W15×D20.5×H9cm
（百圓商店）
請參照 P39

20cm ※大約是明信片的短邊（10cm）×2

PP 抽屜整理盒 2、3、4
（無印良品）
請參照 P41

2 3 4

收納盒 1/4 格型・直式半格型
W19.2×D26.4×H12 cm、H23.6cm
（宜得利）請參照 P38

雜誌架 TANTO
約 W34×D20×H27cm
（宜得利）請參照 P58

25cm ※大約是面紙盒的大小（W24×D11.5×H6cm）

桌上型抽屜收納櫃 KC-350DR
W30.8×D21×H29cm
（IRIS OHYAMA）
※收納物最大到 B5 紙張大小的書類、小東西　請參照 P43

VARIERA 系列收納盒
W34×D24×H14.5cm
（IKEA）請參照 P39

part 3

靈活運用收納用品，解決整理收納的煩惱

收納用品是否實用，全取決於使用方法。
即便是精挑細選的收納用品，若使用方法無法配合生活模式，
久而久之也會變成沒有用的東西。
在這個章節中，將為大家介紹收納的基本思考模式，
以及靈活運用收納用品以解決收納煩惱的4 個實際範例。

「延續整齊美觀」的收納祕密

關鍵字是「優雅的空間」

大家是不是常為了收納而將東西拼命往抽屜裡、櫥櫃裡或棚架上塞？將東西塞到最極限（幾乎全滿的狀態），一旦要使用時，反而容易因為拿不出來而感到煩躁。建議大家在收納時，至少要預留足夠空間讓手指能夠伸進去。

收納的訣竅並非將空間使用到滴水不漏，而是要**好收又好拿**。不要吝嗇使用空間，要豪邁且大器。當每樣物品都能從容不迫就定位時，您就已經成功完成好拿取又好收拾的收納。以「優雅的空間」為目標，嚴格挑選家中所有物品，相信您最後肯定能成就「延續整齊美觀」的收納。

您家中的收納是哪一種呢？

「收納美」是指美觀又時尚的收納。
美收納 VS. 醜收納，您家中是哪一種呢？

美收納

整齊美觀能一直延續下去的收納。
隨時注意不亂放、不雜亂，努力維持整齊美觀。

- 看一眼就知道什麼東西擺在什麼地方
- 方便隨時取用
- 容易物歸原處
- 整齊到令人怦然心動
- 只有優點

POINT
同樣的收納物品整齊排列。

醜收納

總之就是放進去、塞進去的收納。將東西隨性的放進收納用品中，
「總之只要放進去就好」到最後變成雜亂無章的狀態。

- 不知道裡面裝了些什麼
- 拿東西好比進行挖掘工作
- 看了覺得厭煩
- 感到沮喪
- 只有缺點

POINT
先取出所有東西，
從掌握所有東西的內容開始著手（判斷需要或不需要）。

收納分成3種模式

「收納」應該要從哪裡開始著手才好，其實我們可以將收納分成3種類型。「看得見的收納」、「展示用收納」和「隱藏的收納」，只要靈活運用這3種收納模式，肯定能讓我們的生活環境變得更舒適。

1 看得見的收納

優點 能立即取用，一眼就看得到物品的擺放位置。

缺點 容易給人零亂的感覺。

範例：為了立即取用，將料理用具和調味料等直接放在觸手可及之處。

2 展示用收納

優點 隨時能欣賞自己最喜愛的東西。

缺點 要避免過度顯露生活感，需具有篩選展示物的品鑑能力。

範例：將物品陳列得像是精品家飾店。觸手可及之處。

隱藏的收納

優點 不露一絲生活感，看起來很舒暢。

缺點 不方便立即取用，為了掌握收納內容物，需要花時間製作標籤貼紙。

範例：面紙、月曆等具有濃厚生活感的東西，要收納於固定位置。

番外篇

藏不了的收納

居家收納中，最無可避免的是這種「藏不了的收納」。想藏卻藏不了，想展示卻欠缺「展示品」的一致性，最後只能隨性擺放。對於這些東西，究竟要展示，還是隱藏，一定要有明確的決定，絕對不能三心二意。

收納規則 4種方法

收納工作可以靠「分隔」、「直立」、「吊掛」、「堆疊」這4句話來完成。
整理收納的過程中感到猶豫時，請回想一下這4句話。

RULE 1 分隔

取用方便度提升120%！

將抽屜、櫥櫃等各種收納空間分隔成數個四方塊，稱為**空間分區整理**。空間大容易雜亂無章，無法立即找到自己需要的東西。仔細規劃空間有助於拉開抽屜或打開櫥櫃的瞬間，就清楚知道所有東西的擺放位置。

以收納盒作為隔間，並將抽屜當作一個房間來進行空間規劃。空間分區作業需要花點時間，但只要第一次澈底面對所有東西，並且有系統的整理分類，日後便能輕輕鬆鬆讓整齊美觀延續下去。您現在所花費的時間與用心，絕對會讓您值回票價。

RULE 2 直立

↓

方便拿取＝方便物歸原處

除了書本和雜誌，將其他物品直立起來也是相當方便的收納方式。我家的平底鍋、衣服、塑膠袋、燙衣板等全都採用直立式收納法。

將東西直立起來的理由包含**①由上或由正面看，都能清楚知道裡面收了些什麼；②方便拿取；③不會浪費空間**。製作糕餅的矽膠模具或鬆餅機等只能平放的用具，可以先擺在檔案盒裡，再一一排列於抽屜中。另外像是手帕或擦手巾，只要利用書檔輔助，同樣也能直立起來收納。

整理只能平放的東西時，先不急著放棄，多花些心思活用收納箱或書檔來輔助，肯定也能夠做到直立式收納。方便拿取的程度鐵定超乎您的想像。

RULE 3 吊掛

↓

能立即使用！

沒有收納空間時，改用**空中收納**，也就是使用掛鉤、伸縮桿、S形掛鉤的「吊掛」收納。將東西吊掛起來，不僅能有效活用空間，需要時也能立即取用。

另一方面，因地面不再擺滿東西，打掃時不需要乾坤大挪移，既省時又省力。吊掛收納的重點在於吊掛位置必須觸手可及，掛得太高或太低，只會落得散亂一地的後果。眼鏡、打掃用具、噴霧清潔劑、髮箍、首飾、皮帶等通通都能吊掛在空中。

掛鉤有黏貼式、釘式和磁吸式等各種類型，尺寸也非常齊全。建議大家前往種類和尺寸較為豐富且齊全的居家修繕中心選購。

RULE 4 堆疊

↓

收納容量激增2倍

過深的抽屜或空櫃過高的櫃子，往往容易造成空間的浪費。筆者要向大家推薦一種能夠增加收納量的方法。使用能作為隔板的容器（整理盒、箱）來收納，只需要往上堆疊2層、3層，就能立即增加收納量。

以抽屜為例，每天使用的東西或使用頻率高的東西收納在最上層，使用頻率低、非當季使用的東西或備用品則收納在下層。需要時挪開整理盒就能輕鬆取用。若是壁櫥、衣櫃或棚架，則將使用頻率高的東西擺眼前，使用頻率低的擺在深處。為了方便挪動眼前的收納物，建議使用附有輪子的收納用品。另外，為了能夠確實堆疊，務必選擇**四方直角的收納容器**。

解決居家收納的煩惱！

Case 1
O女士住家

住家類型　獨棟
住家格局　6LDK
家族成員　大人2人　小孩4人

「不知道如何決定收納場所，不曉得如何挑選收納用品而感到束手無策。每天被日常生活瑣碎事追著跑，沒有整理家務的餘力和時間。」

有足夠的收納大空間時，務必仔細規劃空間並靈活運用各種收納用品。先從丈量空間大小，挑選收納用品開始。

「有足夠收納場所能容納所有餐廚料理用具，但通通收進去的狀態讓人感到厭煩」

這樣不行！

直接使用系統廚具隨附的餐具收納盒是大大NG。請挑選能配合自己使用習慣的收納用品（租屋者請先暫時將原有的收納盒收在其他地方）。

這樣不行！

收納用品與空箱擺在一起，視覺上更顯零亂。這種收納方式容易徒增許多死空間，反而減少收納量。

這樣不行！

鍋子和平底鍋堆疊在一起，不僅難以取用，使用完畢後也不好收拾。多餘的動作只會降低做家事的效率。

習以為常 導致難以使用也不自知

將所有東西確認過一次，發現開罐器有好幾支，使用中的清潔劑與備用品通通收在一起……。

想讓料理三餐的過程更順暢，流理台四周只能擺放最常使用的東西。請將所有備用品移至他處。一旦習慣成自然，容易變成「擺在那裡是理所當然的事」，平白無故浪費許多精力與時間而不自知。整理之前，務必逐一掌握所有物品的用途。

O女士住家

系統廚具［流理台四周］

廚房收納以「動線流暢」為目標。直立式收納既能增加收納量，亦能提升作業效率。

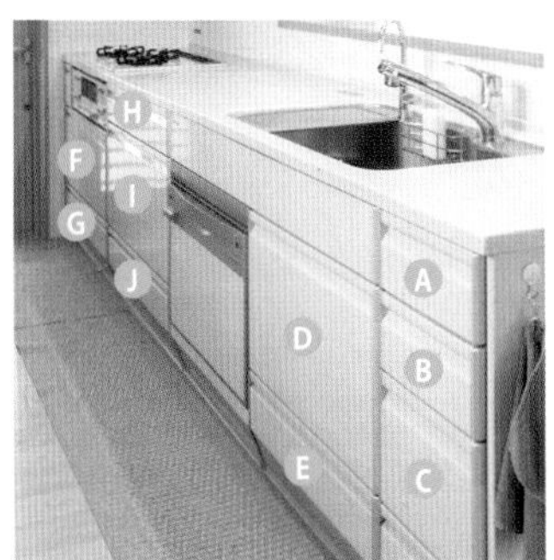

H～G請參照 P80～81。

直立式收納，方便拿取

將常用的擦拭巾摺疊後豎起來，方便隨時取用。

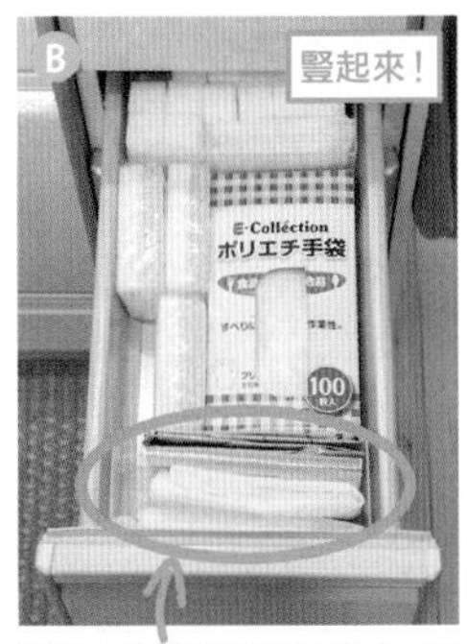

將超市的塑膠袋摺疊成四方形後豎起來。

備用擦拭布收在最深處。袋口朝上，方便隨時取用。

活用收納用品！

分隔板

容易堆疊在一起的擦拭布等，可以活用分隔板直立起來收納。整齊且一目了然（請參照 P45）。

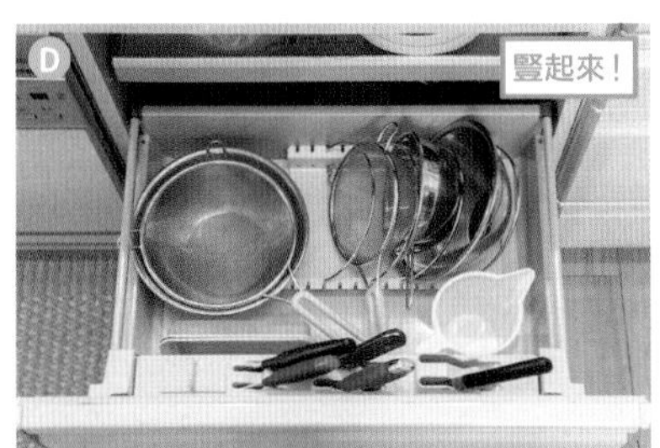

使用專用支撐架直立起來收納

使用鍋具、濾網漏勺支撐架，將鍋具等豎起來收納於流理台下方（伸晃）。

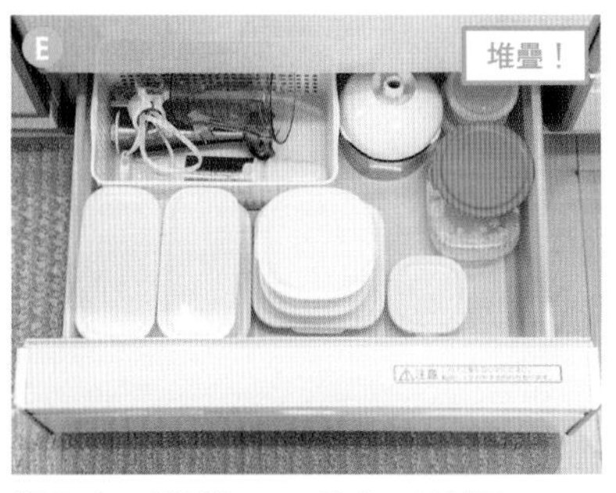

顏色和形狀統一，整齊又美觀

使用頻率較低的手持攪拌機收在最深處，大小相同的玻璃器皿則堆疊在一起，方便隨時取用。

系統廚具［瓦斯爐四周］

鍋具數量固定，直立起來排整齊！

解決！

改善瓦斯爐四周的收納，使烹調過程更順暢。廚房清潔劑擺在手邊，迅速清潔油汙。

活用收納用品！

將清潔劑直立收納在整理盒中

瓦斯爐下方的抽屜夠深夠高時，可將清潔劑一併直立收納在抽屜裡。使用檔案盒或分類整理盒，不僅能使清潔劑直立排列不傾倒，還能防止滲漏。

活用收納用品！ **直立收納鍋子與平底鍋，好收又好拿**

鍋具數量夠用就好，全部豎起來收納。一年內只用到屈指可數的鍋具，請先趕快拿出來吧。參考商品／平底鍋、鍋子・鍋蓋、可調整收納架（伸晃）※ 另外也有寬型種類。請參照 P52。

收在櫥櫃裡的土鍋，盡量移到瓦斯爐附近

為了方便立即取用，盡量將土鍋、炊飯鍋等收納在瓦斯爐附近的抽屜裡。專用湯杓、卡式瓦斯爐、備用瓦斯罐等也一併收在一起，需要時不必東翻西找。

廚房收納優先考慮「方便取用」

鍋子和平底鍋的數量太多時，為了全部收進抽屜或櫥櫃裡，往往會變成堆疊式收納，若要取用最下方的鍋具，勢必得移開堆疊在上面的所有東西，費時又費力。

整理鍋子或平底鍋時，最好採用直立式收納。只需要一個動作就能輕鬆取出，有效縮短做家事的時間。無論是系統廚具的抽屜或門片式櫥櫃，都能善用平底鍋收納架和餐廚用整理盒來增加收納量，並且提高拿取的方便性。

系統廚具［料理台四周］

將料理用具分類收納於抽屜裡。同種用途的器具歸類在一起。

活用收納用品！

使用餐廚整理盒收納同種用途的器具

使用拆卸式隔板的整理盒來收納各種餐廚用具。餐廚整理盒・白色（INOMATA 化學）。請參照 P42。

暫時收起系統廚具隨附的餐具收納盒，改用百圓商店購買的餐具收納盒仔細分類收納。

活用收納用品！

使用同一種容器裝調味料，外觀更顯整齊清爽

將鹽、砂糖等調味料裝入能夠單手開關的容器，有助於加速烹調時間。保存容器（CAINZ HOME）請參照 P54。

將調味料收納在瓦斯爐的左手邊，有助於提升做家事的效率。具有高度的鍋子則擺在靠近流理台的那一側（右側）。

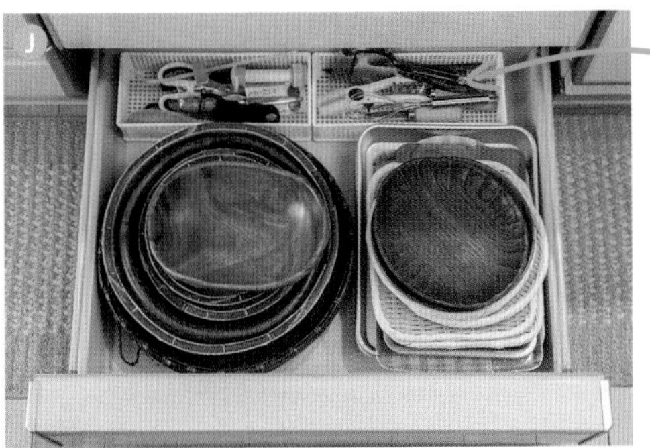

活用收納用品！

使用頻率低的物品擺至抽屜深處

將使用頻率低的物品放入分類收納盒，並擺在抽屜深處。記得仍然要依用途大致分類一下，絕對不可以通通往裡面塞，否則到最後會不曉得裡面裝了什麼。請參照 P40。

濾網或托盤依形狀分類收納。使用頻率低的料理用具，建議收納至抽屜深處。

抽屜收納櫃

第 1 層

使用餐廚整理盒，收納便當用小物

每天做 3 人份便當，所以便當用小物相當多。將所有相關小物全部收納在同一層。

第 2 層

使用整理盒收納小碟子。不浪費任何空間

收納櫃左側有冰箱，右側有飯鍋，依使用習慣在左側擺放玻璃杯、茶杯，右側擺放飯杓。筷架則分兩層堆疊。

第 3 層

用透明整理盒直立式收納，整齊又一目了然

保溫飯盒置於抽屜的最前方。使用百圓商店的透明整理盒，直立收納紙巾後放在抽屜深處。

第 4 層

預留能自由使用的留白空間

擺放保溫瓶的竹籃子也可以用來盛裝水果或零食。沒有需要收納的東西時，也無需刻意取出，直接收在抽屜裡就好。

解決！

整理抽屜時，依使用頻率由上至下收納。靈活運用收納用品，讓所有東西的位置「可視化」。

收納太多東西，反而造成使用不便的收納

大抽屜收納若不明確規劃「收納什麼東西？」「該如何運用？」最後容易變成使用不便的收納。為避免這種情況發生，務必仔細思考①動線、②將同用途的東西分類在一起、③將使用頻率最高的擺放在「第1層」，然後依序是「第2層」、「第3層」……。同類物品也盡量不要全部混雜在一起，使用整理盒或收納盒作為隔板，整齊收納在抽屜裡。

O女士住家

食材儲藏櫃

美 收納完成!!

選擇材質、大小一致的收納容器，不僅美觀，也能有效提升收納量！

解決！

工作繁忙導致逐漸雜亂無章的食品櫃和冰箱，只要於收納時優先考慮取用的方便性，就不會造成食材的浪費。

冰箱

蔬果室 將蔬菜直立收納，有助於延長蔬菜的新鮮度。使用百圓商店的透明收納盒將蔬菜直立擺放。

冷凍庫 上層擺放比較沒有高度的食材，下層使用百圓商店的L型書檔將食材直立起來。

大致分類食材即可。清楚掌握分量的收納

將食材分類得太細，不僅難以掌握食材的擺放位置，部分食材也可能受到擠壓。為避免這種情況發生，建議找大一點的整理盒，大致分類食材就好。馬鈴薯等根莖類食材最好放在沒有高度的收納盒中，以便隨時掌握剩餘分量。

大家通常會將調味料擺在冰箱門的置物架上，但由於只有烹調食物時才使用，建議收納至蔬果室裡。

煩惱

「家人齊聚一堂的場所，接待客人的場所。最大的煩惱是一天比一天還要零亂。」

餐廳是家人的共用空間，應訂出明確的收納規則

餐廳區是所有家人共同使用的場所，難免會有堆積雜物的情況發生。整理餐廳區的訣竅有2點：①決定家人共用物品的擺放位置、②任何人都能自行物歸原處的簡單收納，確實做到這兩點，就不會隨手將東西丟在桌上。餐廳區盡量不要擺放太多家人共用的文具或藥品，挑選幾種最需要的就好。平時常用的東西與備用品要分開收納，這也是餐廳區收納的訣竅之一。

O女士住家

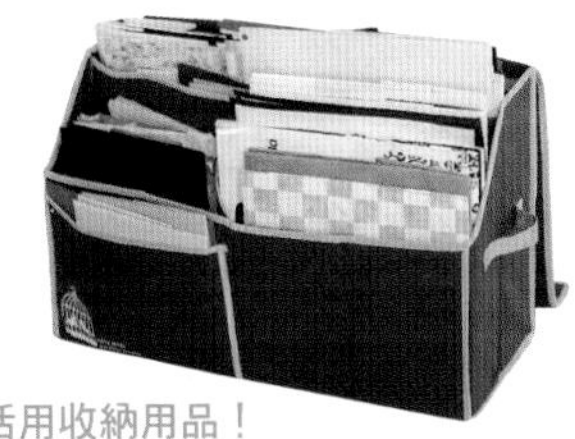

使用收納用品輕鬆整理愈堆愈多的東西！

收納的訣竅

將紙袋
提把摺進紙袋中
並橫向收納

橫向收納紙袋的好處：
①方便知道紙袋的大小、
②方便知道紙袋底部的寬度、
③方便取出，不容易和其他紙袋纏在一起。

活用收納用品！

依尺寸收納的雜誌紙袋收納盒

活用雜誌紙袋收納盒，隨時注意盒內使用量，過多時趕快整理一下。寬型雜誌紙袋收納盒 W55×D24×H35cm（COGIT）

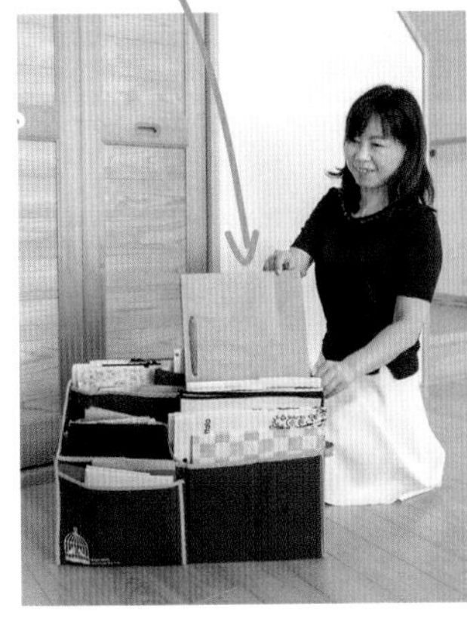

活用收納用品！

不織布光碟棉套
解決不斷增加的 DVD 光碟

先將光碟片裝進不織布光碟棉套裡，分類後再放入壓克力 CD 收納盒中。少了一堆硬殼能增加更多收納量，取用時也更加方便。可堆疊壓克力盒 W13.5×D27×H15.5cm（無印良品）

色調一致是看起來清爽美觀的訣竅。

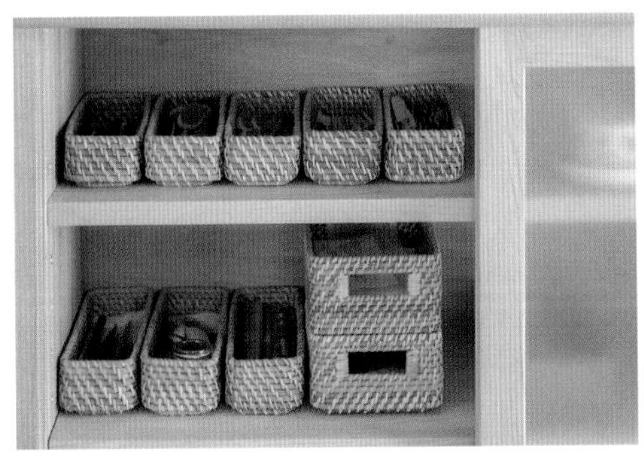

透明櫥櫃的收納，建議使用同色系的收納用品

餐廳櫥櫃是玻璃門時，因為比較沒有隱密性，建議使用看起來和木質隔板較為融洽的藤編收納盒，有助於統一色調。藤編收納盒比較貴，可能有人買不下手，但當作是一種「投資」，有需要就買吧（可以用來收納湯匙、刀叉等餐具）。可堆疊藤編長方形籃·淺型約 W26×D9×H6cm、可手提·可堆疊藤編籃約 W15×D22×H9cm（無印良品）

煩惱

「收納家人共用日常生活用品的抽屜。希望大家用完後能物歸原處」

餐廳櫥櫃

打造一個專門收納家人共用藥品、文具等物品的餐廳櫥櫃。第 1 層可用於收納爸爸的私人物品。

BEFORE

第 2 層

這樣不行！**收納容器的大小不一致**

將物品確實裝入收納盒中，但由於收納盒大小不一致，欠缺整齊性，有點可惜……。

第 3 層

這樣不行！

利用空盒的收納略顯零亂

乍看之下很整齊，但空盒裡塞滿東西，略顯擁擠。感覺需要與不需要的東西通通混在一起。

這樣不行！

收納用品顏色不一致，給人零亂的感覺。無法立即看出東西收在哪裡。

第 4 層

這樣不行！

摺疊方式雜亂無章

便當袋全部收納在同一個地方，但摺疊方式不統一，使整體略顯凌亂。

O女士住家

解決！

方便大家物歸原處的方法，就是一個場所只收納同一類型的物品。

第 2 層

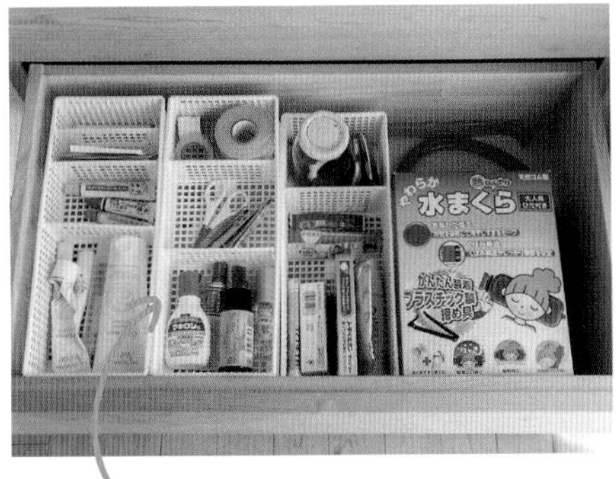

使用同系列的分類收納盒，將同類型的物品放在同一格中

將外用藥膏、剪刀＆指甲剪、膠帶等分類後，逐一放入多格分類收納盒中。條狀藥膏橫向擺放比較能夠看清楚藥膏名稱。

活用收納用品！

多格分類收納盒

百圓商店的多格分類收納盒，能將細小物品分類收納。請參照 P40。

第 3 層

採用堆疊收納方式，將常用的物品擺上層

將去蕪存菁後的物品分類放在可堆疊的分類收納盒中，上層擺放常使用的文具，下層收納備用文具。

活用收納用品！

書檔

利用書檔將摺疊好的毛巾直立收納。請參照 P44。

第 4 層

布料類物品直立收納

將摺疊好的毛巾，有弧度的那一端朝上直立收納，不僅美觀，也容易取用。

第 5 層

預留空間以避免東西過多時無處可收納

除去不需要的物品後，將最下層的抽屜空出來，作為過多物品的「避難所」。

煩惱

「電腦或電話……。希望客廳裡引人注目的凌亂電線能夠看起來更清爽些！」

解決！

鑽一個小洞來整理電線。
有時候需要這種毫不猶豫的果斷。

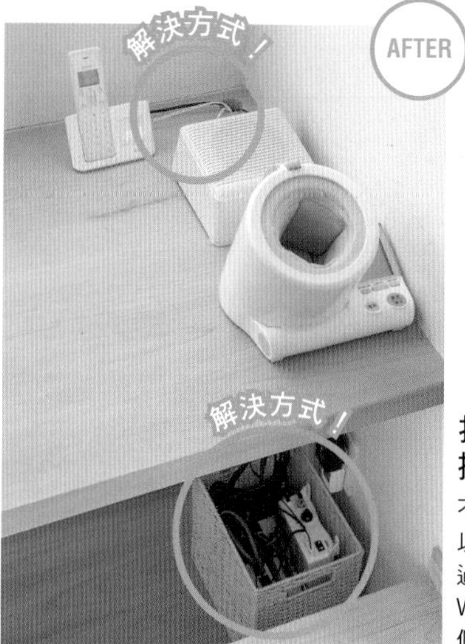

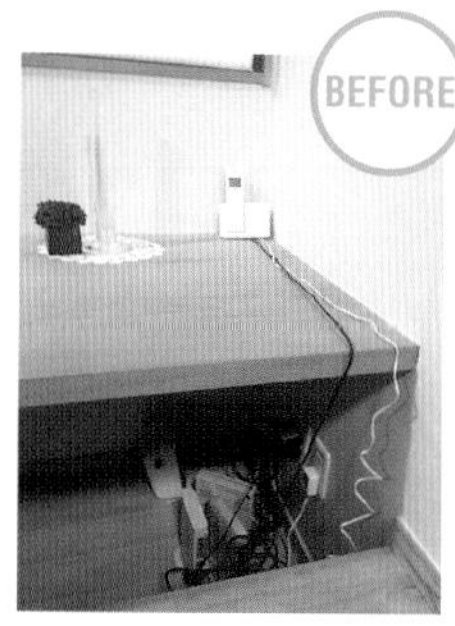

找出連接至插座的最短捷徑，看不見、隱藏

不希望電線散落在桌面上的話，可以考慮將桌子鑽一個洞，讓電線穿過洞孔往桌面下延伸。建議不要將WiFi 路由器直接擺在地板上，選一個與地板顏色相近的籃子裝起來。

移動式收納手推車
讓 PC 環境更清爽

深度較深的大型櫃子可分成前段與後段收納。將一年使用一次的聖誕節裝飾品等放進紙質收納箱中，並推至最深處。另一方面，將列表機、筆電、工作資料、電腦相關物品（墨水等）全部收納在附有輪子的活動資料櫃中。

「家中成員多，無可避免的雜亂無章。希望能充分活用玄關收納」

解決！送洗衣物收納在玄關的竹籃裡。連同竹籃一起裝上車。

BEFORE

吊掛大衣處往往除了衣服外，還有許多雜物堆疊在地上，這樣的收納方式有點破壞美觀。

AFTER

解決方式！

解決方式！

解決方式！

壁面「吊掛」收納，有效活用空間

地板上的竹籃裡分別擺放要送洗的衣物或送人的東西等不會久放的物品。

並非什麼東西都擺在玄關。出遊的大型道具收納在車庫裡

收納6人份的鞋子、雨傘的大型鞋櫃。除了鞋子以外，球棒、球拍、球、小孩的運動用品、傘具等都暫時放在鞋櫃裡的話，到最後宛如一間儲藏室。縱使這裡是專屬於家人的空間，但畢竟每天經過，當然希望鞋櫃是既方便使用又看起來清爽美觀。建議大家先將小孩的運動用品移動至車庫。移走擺放於出入口處的傘架，改成在大型吊衣櫃裡的側邊，上下各ＤＩＹ一根單桿毛巾架，上層吊掛陽傘和摺疊傘，下層吊掛長柄直傘。不僅方便取用，也不會一進門就看到參差不齊的零亂傘具。

「容易用完後隨手擺放的洗臉盆櫃，希望能成為更加靈活運用的收納空間」

家中成員多，需要雙槽洗臉盆，左右各一個洗臉盆櫃才有足夠的收納空間。

收納空間寬敞，但排水管卡在中間，難以有效規劃收納空間

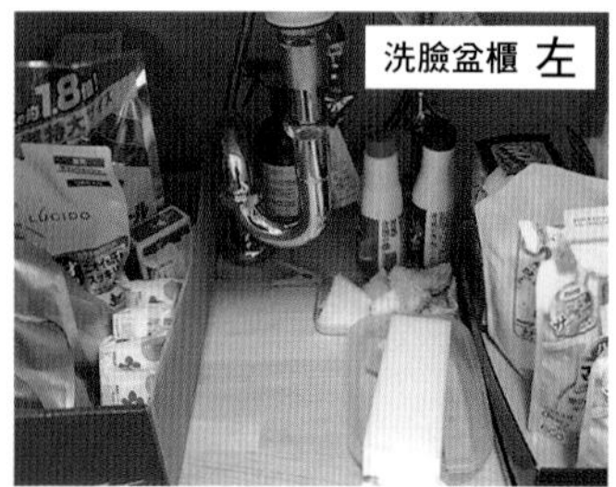

為了方便拿取而使用籃子類收納，但沒有適合擺在排水管前方的籃子，只好直接擺在櫃內。

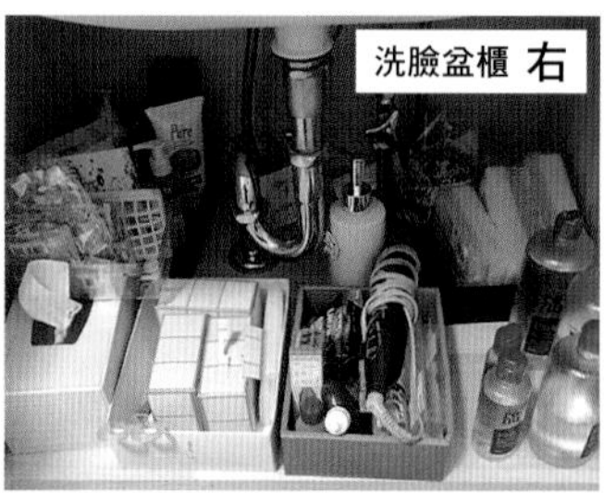

備用品與當下使用的物品全混雜在一起，沒有依用途確實分類。

不僅縱向切割空間，還要向上收納

由於洗臉盆櫃下方有排水管，收納空間顯得較為複雜，不是塞得太裡面而忘記，就是不容易取出擺放最深處的東西，對收納來說，這是個相對棘手的空間。

要善加活用這些場所，必須先澈底分割空間。使用具滑動性的收納層架，既能取出擺放在深處的東西，亦能增加收納量。依用途分類也有助於管理備用品的數量。

使用抽屜式收納用品，徹底活用所有空間。洗臉盆櫃方雙層抽屜式層架 W30×D34.5×H35cm（Dinos）

解決！

使用抽屜式收納用品，方便拿取擺放於深處的物品，也能有效增加收納量。

AFTER

清潔劑、衛生用品……
依種類分別收納，使用更加順手

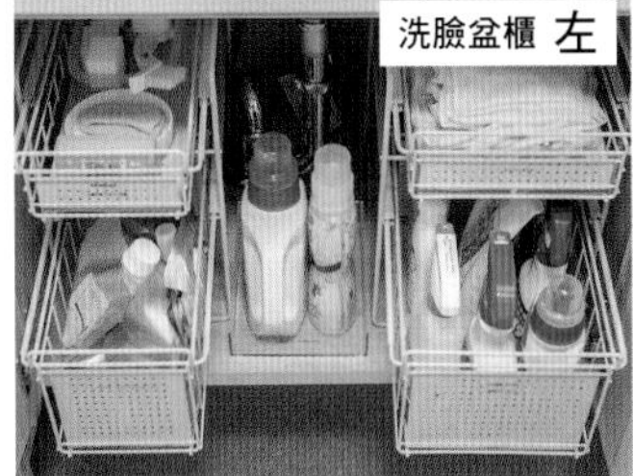

清潔用品全部收在一起，比起直接擺放於櫃內，抽屜式層架更有助於方便且快速取出所需的清潔劑。

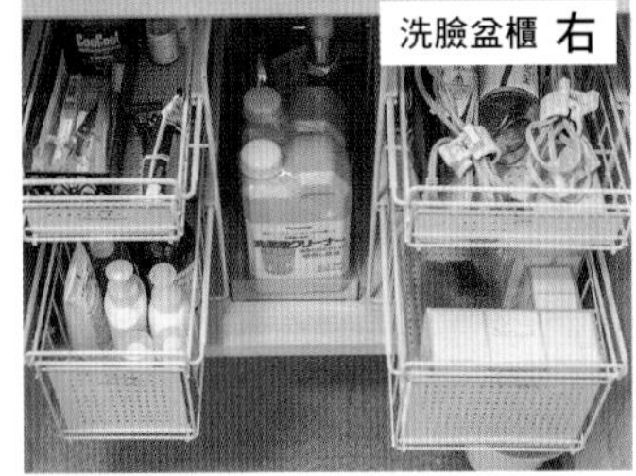

備用品一目了然。使用完畢後再添購，不會造成無謂的浪費。

收納櫃

活用收納用品！

使用收納盒為客人準備盥洗用具

一個收納盒各裝一條浴巾和面用巾。收納盒四分之一型（宜得利），請參照 P38。

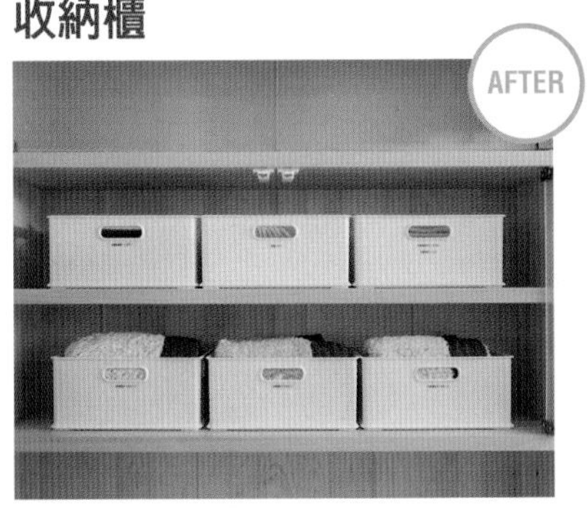

收納客人用毛巾的收納櫃。無論再怎麼摺疊整齊，看起來略顯凌亂且不易拿取。

「能夠收納6人份上衣和裙褲的衣櫃，卻無法有效活用固定式層板」

這樣不行！

衣架的種類和顏色五花八門，不整齊也不美觀

直接拿洗衣店的衣架再利用，顏色不一致，吊掛的衣物高度和寬度也參差不齊。

這樣不行！

總之先放進去的收納，到最後不知道放了些什麼

拿以前留下來的整理箱抽屜來裝衣服，不僅難以從上方拿取衣物，也不曉得裡面究竟裝了些什麼。

這樣不行！

只是隨意擺放，日後拿取時更不方便

因設有固定層板，導致使用完畢後直接堆放。過度堆疊或塞入櫃體深處，只會造成日後拿取時更加不方便。

關鍵在於打造一個家人都能順手整理的收納環境

雖然為了收納所有家人的衣物而刻意訂作衣櫃，但空櫃隔間大小和收納用品的尺寸並非十分吻合，反而造成收納時的困擾。為了解決這個問題，暫時拿以前留下來的整理箱抽屜來裝衣服，但說真的，這樣的收納既不美觀，又難以使用，實在不知道該怎麼辦才好。要澈底解決這個問題，必須先確實丈量收納空間的大小，並仔細挑選符合各個空間的衣物整理箱。再來是讓孩子養成自己摺衣服，自己收納的習慣。

O女士住家

解決！

有耐性的多花點心思尋找尺寸吻合的收納用品。外觀整齊清爽，讓人更願意動手收納。

美麗讓人想繼續保持下去

統一使用同一種衣物整理箱，並配合收納空間的大小挑選適合的尺寸，這樣不僅能使外觀整齊美麗，收納量和使用方便性都會跟著提升。雖然一次買齊可能有困難，但湊合著用的買法注定會失敗。

準備一面能夠檢視穿搭的鏡子

右／在層板上釘掛鉤，掛上一面輕型鏡子。
左／沿著牆壁邊緣黏貼配線槽，將直立手持式吸塵器的黑色電線收拾得一乾二淨。

活用收納用品！

使用分類收納盒以增加收納量

在抽屜裡擺放百圓商店購買的分類收納盒作為隔間，可以堆疊成兩層，下方擺放非當季衣物，上方擺放當季衣物。請參照 P40。

收納訣竅

確實丈量空間大小，挑選尺寸吻合的收納用品

櫃體有門片的話，更要仔細丈量內部空間的大小（照片為沒有門片的收納空間）。

關於收納的常見問答 

Q 非常占空間的毛巾。該怎麼收納才好？

A 配合收納場所的大小來思考收納方法。

沒想到苦惱於毛巾的收納與摺疊的人比我想像中還多。家人的毛巾加上訪客使用的毛巾，數量真的是多到驚人。毛巾的摺疊方法與收納方式並非只有一種，必須配合收納場所的大小，思考最恰當的摺疊方法與收納方式。底下列舉3種面用巾的摺疊方法，提供給大家參考。

狹窄空間的收納
捲成圓筒狀

收納在狹窄且呈縱長形的空間裡時，將面用巾捲成圓筒狀，並使用檔案盒輔助收納。

放在整理盒或抽屜裡的收納
摺成三褶

配合整理盒的寬度，將面用巾摺成三褶並直立收納。

堆疊於層板上的收納
摺成四褶

直接堆疊於層板上時，將面用巾摺成四褶，並將弧面朝外。

Q 不想讓抽屜被看得一清二楚時，該怎麼做才好？

A 使用瓦楞板和膠帶。

常有人問我不想讓抽屜內容物被看得一清二楚時，應該怎麼做比較好。我建議使用ＫＯＵＹＯ的旋轉雙面膠帶將瓦楞板貼在抽屜前板。使用旋轉雙面膠帶，想更換時或淘汰時都可以輕鬆撕下。另外，我常看到有人將影印紙貼在抽屜前板上，但影印紙的四個角容易摺損、用久了紙質也會變軟，不建議大家使用影印紙。

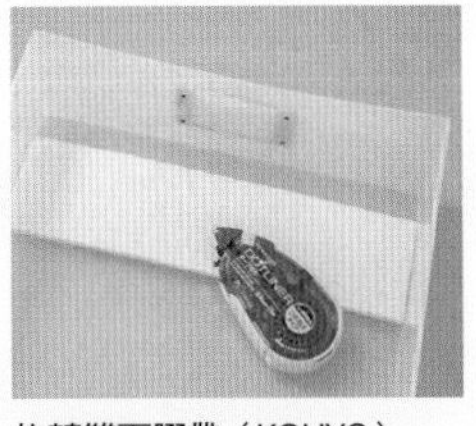

旋轉雙面膠帶（KOUYO）。也有黏性較小的類型。

看不見裡面裝什麼，外觀更清爽整齊。

Q 需要幾種不同規格的標籤帶呢？

A 不需要太多種標籤機的標籤帶。一般家庭只需要9㎜和12㎜寬的標籤帶。

需要6㎜寬時，只要在12㎜寬的標籤帶上打印2行字，再從中間割開，就可以變成2張6㎜寬的標籤帶。即便只是暫時標示，也絕對不要使用便利貼，建議前往百圓商店購買好貼好撕的標籤貼紙。一般家庭最常用到9㎜或12㎜寬的標籤帶，畢竟不是公司行號，無需添購太多種不同規格的標籤帶。

一般而言，家庭備有透明底黑色和透明底白字2種標籤機專用色帶就夠用了，若有緞帶標籤，還可以廣泛活用在家中各個場所。

9㎜寬

小格	小格	小格
小格	小格	小格

12㎜寬

小格	小格	小格
小格	小格	小格
小格	小格	小格

Case 2

H女士住家

住家類型　獨棟
住家格局　5LDK
家族成員　大人 2 人　小孩 3 人

解決居家收納的煩惱！

「隨著小孩逐漸增加，
客廳、浴室等家族共用空間裡
有愈來愈多的物品堆積。
每天都整理不完，
到最後乾脆放棄。」

切勿因為有了小孩而放棄收納。
一起來思考，
讓家人都能輕鬆幫忙整理的收納方法。

煩惱

「明明善用各種收納用品，為什麼還是凌亂不堪，看起來一點都不清爽」

這樣不行！

直接使用原本系統廚具隨附的餐具收納盒。由於收納格與餐具尺寸不合，只能隨意擺放。

這樣不行！

不同顏色和形狀混雜在一起的狀態。依使用頻率來分類，反而變得不容易取用。

這樣不行！

為了將所有東西收進去，縱向、橫向隨意擺放餐具收納盒，到最後反而變得不易取用。

收納空間還算足夠，不知不覺就拼命往裡面塞

雖然櫥櫃門關起來什麼都看不見，但決心做好收納的話，必須做到開啟櫃門時整齊又美觀，東西好拿又好收。想要方便取用餐具，必須將餐具收納在容易拿取的高度。而想要美麗的餐具陳列，必須統一餐具的顏色和材質，盡量讓餐具的高度一致。只要隨時意識這一點，外觀和使用方便性也會跟著改變。讓我們一起努力做到既方便取用又美觀的收納吧。

H女士住家

餐具櫃

收納用品無需多說，若能做到統一收納物的色調，怎麼看都是「美麗」的收納！

嚴選顏色和設計感，讓收納變「展示」

擺放在開放式櫥櫃裡的家電，若能統一色調和設計感，瞬間就能變身成整齊俐落的「展示」收納。

同種類的餐具縱向往深處排列

餐盒、玻璃製品、餐具等依種類分別往深處排列，看得一清二楚又整齊美麗。請參照 P115。

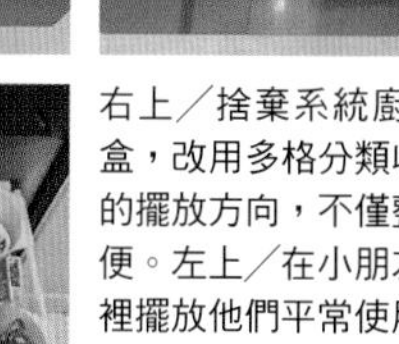

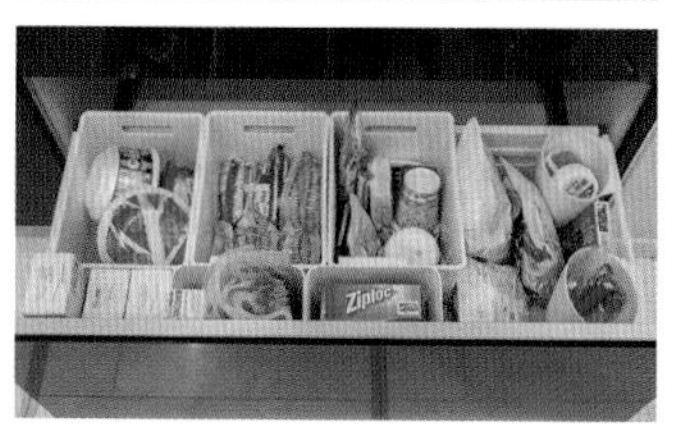

右上／捨棄系統廚具隨附的餐具收納盒，改用多格分類收納盒。統一收納盒的擺放方向，不僅整齊，使用上也更方便。左上／在小朋友伸手搆得到的抽屜裡擺放他們平常使用的餐具。左／將食品和消耗品直立收納。

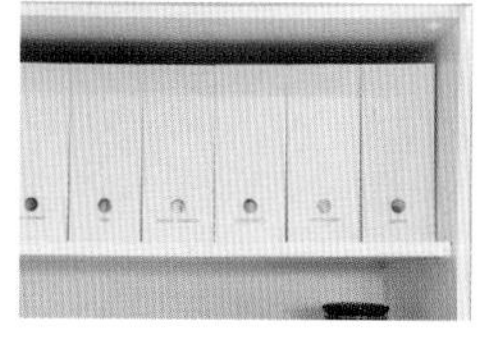

活用收納用品！

檔案盒

使用 10cm 寬的檔案盒分類收納拋棄式餐具、圍裙等。

系統廚具 [瓦斯爐四周]

活用收納用品，但也不能拋棄方便使用的初衷。基於使用的方便性來決定烹調用具的擺放位置。

這樣不行！

靠近火源的地方不該擺放瀝水用的濾網漏勺。一起遵守「依使用區域性來規劃收納」的收納原則。

AFTER 統一方向就能美化外觀和提升使用方便性

拿掉把手的鍋子也全都直立收納

將過去堆疊在一起的無把手鍋子全部直立收納，使用上更加方便與順手。

側邊抽屜櫃收納香料罐

瓦斯爐側邊的空間雖狹窄，但也不要浪費，正好可以用來收納各種香料罐（容量 70ml） 約 W3.1×D3.8×H10.3cm（sarasadesign）

H女士住家

系統廚具 [料理台四周]

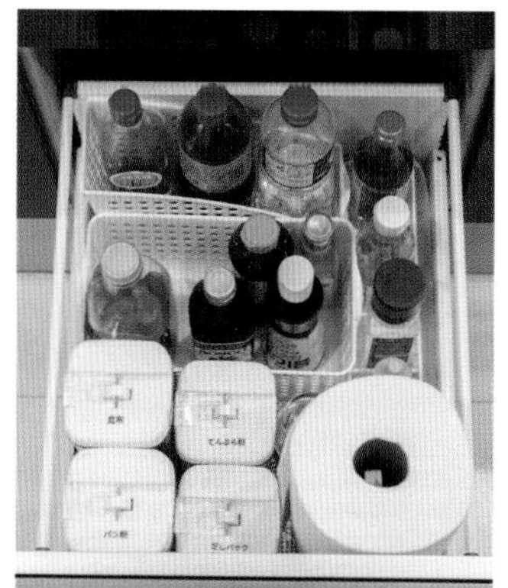
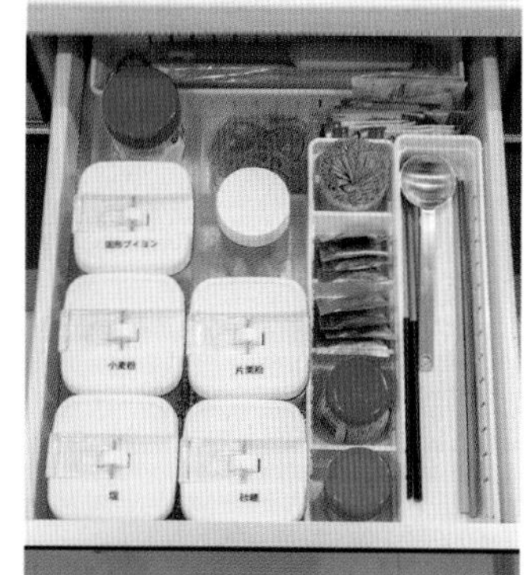

分門別類收納，有助於縮短料理時間。

下層

瓶罐調味料不要直接擺檯面，放進收納籃裡

將容易傾倒的瓶罐類調味料放進有點高度的收納籃裡，若不了小心翻倒，只需要清洗收納籃，節省不少清理時間。

上層

分類得愈細，愈容易取用

上層收納常用的調味料與料理長筷。利用餐具收納盒的隔板將收納盒分成許多小格，可用來收納牙籤或粉末鮮雞精。

系統廚具 [流理台四周]

置於流理台旁的物品盡量統一色調，有助於維持外觀的整齊清爽

盡量挑選能配合流理台顏色的清潔海綿與清潔劑

為了方便清理，流理台四周盡量不要擺放過多雜物。瓶身太鮮豔的清潔劑會因為過於搶眼而成為敗筆，建議盡量挑選白色的。

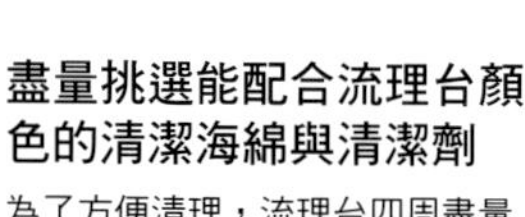

收納訣竅

分區、直立收納，拿取更方便

流理台下方盡量收納與用水有關的物品。像是流理台用清潔劑、垃圾袋等消耗品、砧板、濾網漏杓等料理用具。依使用區域性來規劃收納。

煩惱

「回家後一定會經過餐廳，希望打造成一個能夠切換上下班模式的場所」

避免東西四處亂丟的收納環境

部分家庭的格局是前往客廳與2樓之前會先經過餐廳，若能為回家後容易隨手亂丟的鑰匙、手錶等小東西，書包等學校用品都一一找好安置的窩，就能避免用完不收，或者每個房間都變成凌亂的戰場。另外，在浴室附近的儲物空間裡設置一個整理衣櫃，專門收納內衣褲等換洗衣物，無需專程到2樓臥室拿取，就能輕鬆入浴。讓這個空間成為家人能各自管理的收納環境。

樓梯下方區塊

將樓梯下方空間打造成孩童也樂於幫自己整理服裝儀容的角落

AFTER

BEFORE

餐廳左手邊有個樓梯下方的小區塊，裡面收納一些家人的衣物，但動線不佳，不受家人青睞。

收納訣竅

讓孩子自行整理服裝儀容的角落。學校用品集中收納

將3個孩子的書包、體育服和繪畫用具等全部收納在這個空間。1人1個整理盒，自行負責管理。

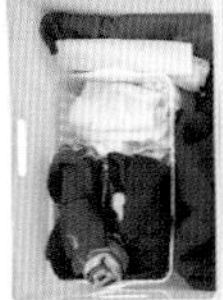

1人1個整理盒，將體育服等收納在盒中。打造一個讓孩子自己預先整理好隔天所需物品的環境。

為家人各自管理的物品找一個舒適的窩，打造出入更方便的環境

整理衣櫃

活用收納用品！

確定所有物品的擺放位置後，不再有隨手亂放的情況

將手錶、汽車鑰匙等小東西逐一放在多格收納盒裡就定位。請參照 P41。

上層 在靠近浴室的餐廳擺設一個收納換洗衣物的整理衣櫃。左側為小孩的換洗衣物，右側為大人的換洗衣物。

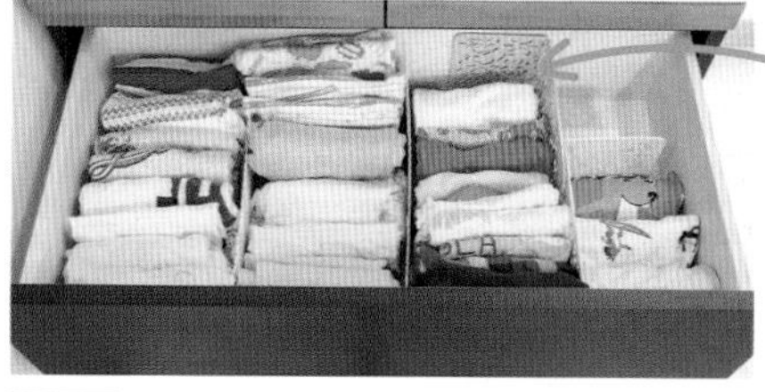

活用收納用品！

活用書檔幫忙區隔並直立收納

為避免衣物傾倒或左右交疊，活用書檔當作隔板。

下層 依大小分類收納洗好澡後穿的衣物。摺疊好的衣物以有弧度的那一面朝上直立收納，方便隨時拿取。

煩惱

「指甲刀、文具、電視遙控器……。全是些拿出來使用完畢後會隨意亂丟的東西」

讓全家人一起動手整理的收納方式！

客廳是個多功能場所，家人齊聚一堂、招待訪客，看書或做家事的地方，不僅人來人往，使用後的東西也常常順手擺放一旁，因此客廳是最容易出現生活痕跡的場所。東西用完丟在原地，是因為它們沒有固定的家，假使屋內所有東西都有固定收納場所，大家用完都能順手物歸原處，應該就不會有不知道東西該收在哪裡或是用完隨手擺在一邊的情況發生。

電視周圍

多費點心思
避免塵埃堆積

活用收納用品！

遙控器等收納在壓克力分類盒中

使用隨手可取用的壓克力分類盒，為遙控器安排舒適的窩。可堆疊壓克力分類盒／窄、小約W17.5×D6.5×H9.5cm（無印良品）

電線收納盒

活用收納用品！

多功能理線收納管輕鬆整理雜亂的電線

將電線後方的一大堆電線全部收納成一束，既美觀又容易清理。請參照 P60。

H女士住家

將 CD 和 DVD 收納在整理盒中，但因為堆疊成 2 層，不易拿取下層物品。整理盒種類不同，高度不一致導致視覺上的不整齊。

能立即取用的場所，就是能立即收納的場所。為所有物品找到恰當的收納場所，輕鬆做到物歸原處。

AFTER 用 15cm 寬的檔案盒清爽收納 DVD

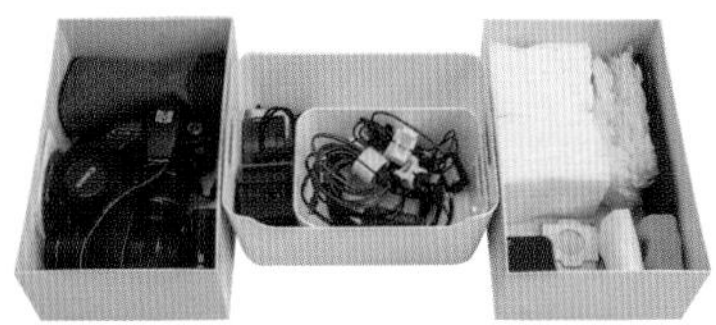

也可以用來收納攝影機、相機和充電器。

用檔案盒收納 DVD 和 CD。

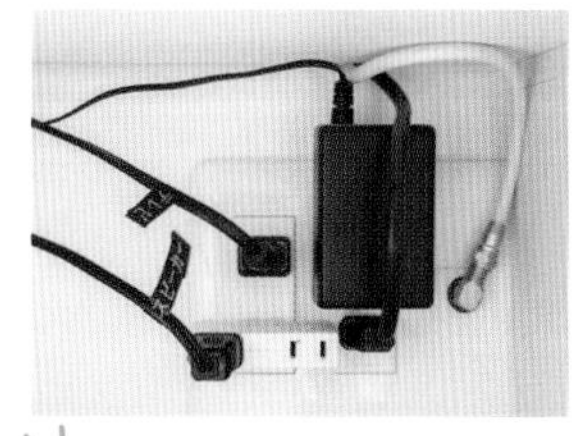

收納訣竅

電線也貼上標籤！

為了快速找到相對應的電器用品，幫每條電線都貼上標籤。

收納訣竅

將五彩繽紛的提袋全部收在一起，清爽又整齊

將小朋友上才藝課的提袋全部收在收納籃裡，感覺既清爽又整齊美觀。

煩惱

「活用收納用品來整理訂製櫃內的物品，但外觀看起來就是不整齊」

客廳櫃的收納

BEFORE

這樣不行！

女生用粉紅色收納盒裝手帕，男生用藍色收納盒，但盒子太小，手帕都滿出來。

這樣不行！

使用不同顏色和形狀的收納盒，不僅外觀不整齊，也看不出裡面裝了什麼。

這樣不行！

收納盒尺寸與空間不合，不僅收納量變少，還可能不斷往上堆疊。

收納用品的尺寸與櫃體空間不合，造成大量的空間浪費！

讓客廳看起來清爽的訣竅在於盡量減少裝潢家飾和收納用品的顏色。過多顏色容易顯得凌亂。收納物本身就有顏色，為了不讓色彩過於明顯，使用不少收納盒、收納籃或抽屜。但收納用品的尺寸若與收納空間不合，只會徒增空間的浪費。並非通通放進盒子裡就好，必須仔細挑選高度、深度皆能配合收納空間的收納用品才行。

AFTER

解決！

過多顏色是看起來凌亂的原因之一。
減少裝潢家飾和收納用品的顏色，給人截然不同的印象。

貼上標籤方便尋找東西

抽屜裡有分隔板，能夠依種類分別擺放常用藥或常備藥。塗抹藥物、眼藥水等另外放在別的抽屜。

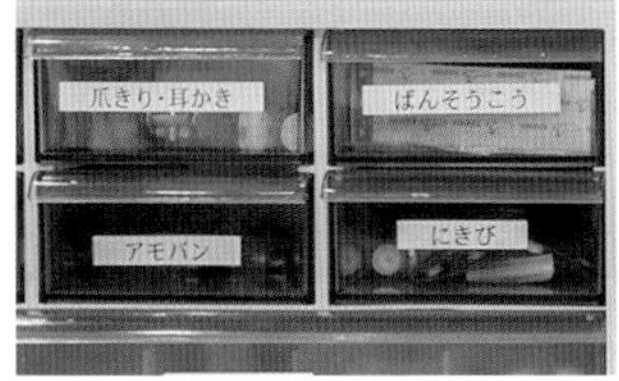

1 個抽屜擺放 1 種物品，整理收納更輕鬆

使用多格抽屜的桌上型抽屜收納櫃，可以分類收納文具。抽屜收納櫃上方擺放即時使用的文具。

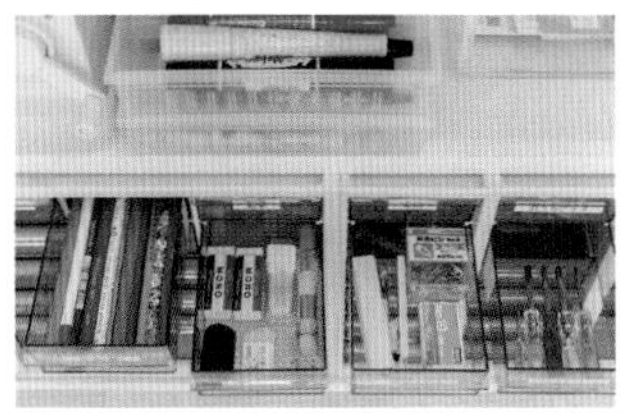

仔細整理後多出來的空間可作為妻子專屬的「私人空間」

不使用收納盒，上層擺放香水或香精，下層擺放書籍。

「全家5個人準備出門時，洗臉盆櫃前總是擠滿人。希望能讓大家使用得更順手」

美觀與順手兼具的洗臉盆櫃

一大早的洗手間總是非常混亂，想讓家人順利趕上出門時間，必須幫所有盥洗用具找好安置場所，盡量縮短大家的梳洗時間。訣竅在於依用途分類整理、將東西擺在容易拿取的高度，並且讓所有東西都有固定的安身之處。有時訪客也會使用洗臉盆，務必時常保持這個空間的整齊乾淨。不擺放多餘不相干的物品，容易清潔，就容易隨時保持乾淨。

一眼看得清清楚楚，立即取用「不零亂的收納」有效改善晨間大塞車

鏡櫃

收納訣竅

一目了然的分類有助於收拿更方便

依種類整理的鏡櫃收納。髮飾直接擺在櫃中（右下角），小孩能自行取用，自己綁頭髮。

洗衣機四周

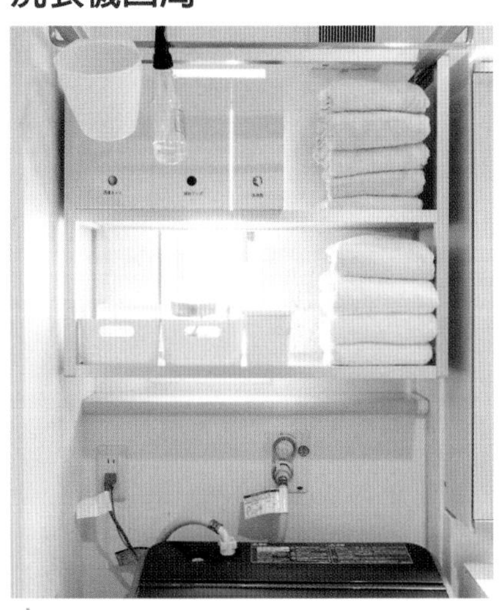

收納訣竅

收納用品和毛巾同色調，給人煥然一新的感覺

為避免過多顏色給人零亂的感覺，上層檔案盒中收納洗衣袋、洗衣刷；下層使用 IKEA 的 VARIERA 系列收納盒整理五顏六色的衣物洗潔劑。

洗臉盆櫃抽屜

下層

收納訣竅

依用途分類備用品並加以收納

將洗髮精、潤絲精、肥皂、牙刷等洗臉盆或浴室裡使用的備用品全部收在一起。為方便確認剩餘數量，建議採用直立式收納。

上層

收納訣竅

打造小孩自行整理服裝儀容的環境

為了方便讓小孩自行整理服裝儀容，將手帕、衛生紙、毛巾等收在同一個地方。記得放在低年級小朋友也拿得到的高度。

「玄關是『房子的門面』。除了鞋子以外還有其他許多雜物，但依然希望能隨時保持美觀清爽的狀態」

打造一個「井然有序」的玄關

隨著日子一天天過去，小孩的玩具、高爾夫球具等運動用品全慢慢堆在玄關。雖然了解那種回到舒適的家，會因為放鬆而直接將東西擺在門口附近的感受，但玄關處最好還是不要擺放過多不相干的東西。但並非家家都有寬敞的玄關空間，這時候必須在收納整理上多費點功夫。像是丟棄許久沒人使用的雨傘、隨手將嬰兒推車摺疊立起來等等，先試著從這些簡單的整理方式做起。

H女士住家

玄關收納

將鞋子以外的東西仔細分類，再用收納盒裝起來，打造「美麗」收納。

體積高大的高爾夫球具盡量收納在深處以減輕壓迫感。建議在濕度高的大型鞋櫃裡擺一台除濕機。

上方層板擺放非當季鞋子，中間層板擺放當季穿的鞋子，小孩在戶外使用的玩具則收納在下方收納盒中。

為公事包或外出包找好安置場所

在玄關處設置一個吊掛外出大衣與擺放外出包的空間，回家後無需專程拿到二樓臥室。

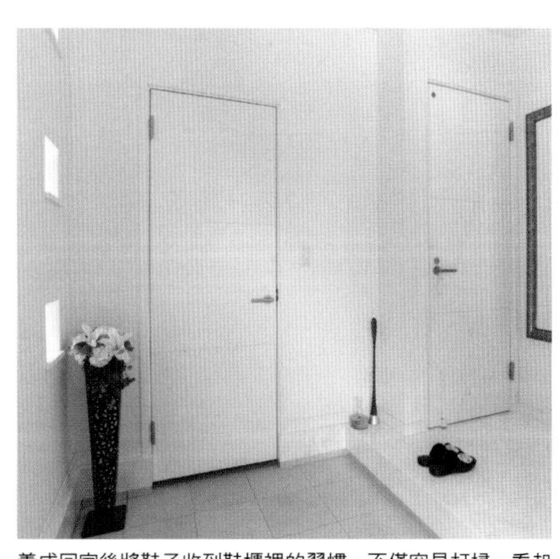

養成回家後將鞋子收到鞋櫃裡的習慣，不僅容易打掃，看起來也比較清爽。

「想下點功夫打造一個讓孩子能自動自發整理的收納環境嗎？」

容易辨識的收納位置，不為收納量而塞得水泄不通。

美觀的收納
令人更想動手整理

又深又大的床下抽屜，
使用「直立式」收納法

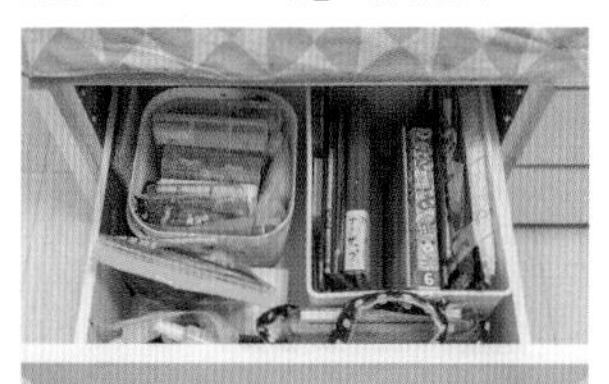

又深又大的抽屜空間，可活用整理盒充當隔間，並且以直立方式收納。從上方就能看得一清二楚，無需多花時間東翻西找。

活用收納用品！

將大抽屜分區塊收納

為避免 T 恤、內褲、襪子等全部重疊在一起，善用 IKEA 的 SKUBB 系列收納盒分區收納。

「一旦因工作忙碌而開始習慣隨手一丟，久而久之會愈堆愈高……」

將堆疊東西的地方改放鏡子，有效改善隨手一丟的壞習慣。

更衣室的收納量太足夠，反而無從整理起

為避免暫放的情況愈來愈嚴重，在正面牆壁上設置一面鏡子。為了照鏡子，自然不會隨手將衣服雜物等堆放在檯面上。

清爽住家的DIY 訣竅

將無線電話機擺在廚房吧台上的時候，可以用白色配線槽套住黑色電話線，並沿著白色牆邊固定，如此一來就不會過於顯眼又凌亂。

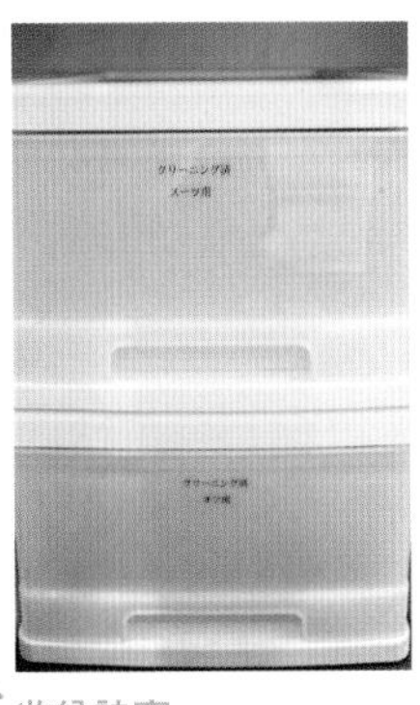

收納訣竅

「美觀」收納需要分類標籤

抽屜裡堆疊 2 層整理盒，分類收納衣物配件。標籤上分兩行清楚標記內容物，並且貼在抽屜外明顯處。

活用收納用品！

方便的移動式褲架

掛架可一個個拿下來吊掛衣褲，好拿又好收。必要時還可以連同整個褲架一起移動。

關於收納的常見問答 2

Q 丟不掉的瓶、罐、空箱，有什麼解決方法嗎？

家裡難免有些捨不得丟棄的瓶瓶罐罐。

這些東西不該深埋儲藏室中，而是要大方陳列出來。

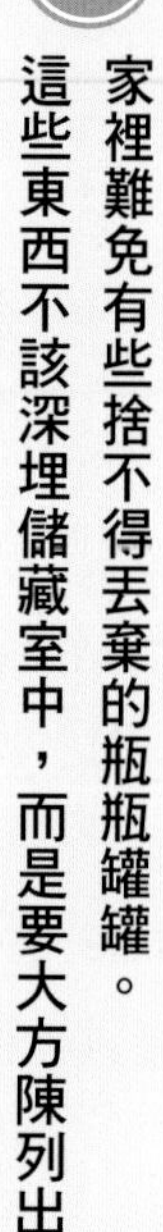

A

①空瓶直接擺設

既然是自己最喜歡的容器，當擺飾品每天欣賞也會帶來好心情。

②當容器使用

無論有無密閉性，都是容器的一種，能夠用來盛裝日常生活用品。紅茶罐用來裝紅茶茶葉，玻璃瓶用來盛裝食物。只裝空氣實在太浪費了。

無法當擺飾品，也無法使用的重要瓶罐，稱為回憶紀念品。量身打造一個收納場所或找個空盒子，專門收納這些充滿回憶的紀念品。

瑪黑兄弟茶的罐子容易開關，用來盛裝紅茶、花茶、牛蒡茶茶包再適合不過。

廚房收納無法變得整齊美觀。

依自己使用的方便性從中挑選一種。

餐具分類方式有3種。

◆ **依料理類別分類**↓日式料理、西式料理、中華料理

◆ **依外型分類**↓大小、顏色、圖案、形狀、材質

◆ **依場景分類**↓一般三餐、下午茶、季節用（過年等）

收得整齊漂亮並非收納的最終目的，但只要掌握收納訣竅，就能完成方便使用又美觀的收納。請大家參考並模仿下方照片的收納方式試試看。

統一收納容器的方法不僅適合用於廚房收納，對居家所有收納也都大有幫助。至於向前對齊，除了用於收納餐具外，對隱藏家具凹凸不平這個缺點也有不錯的效果。請大家務必嘗試看看。

看起來美觀的收納方式

統一收納容器
使用同種類的調味料罐、收納盒或收納籃等。

向前對齊
未必要將餐具推到最深處，可向前對齊，美觀又方便取用。

縱向排列
像專櫃般的陳列方式，將同種餐具縱向排列。

直立式收納
在收納籃、箱裡擺放L形書檔，將所有物品直立收納。

解決居家收納的煩惱！

Case 3
Y女士住家

住家類型　集合住宅
住家格局　2LDK
家族成員　大人 2 人　小孩 1 人

「雖然東西變少有助於整理得井然有序，但抽屜裡無法做到方便拿取的收納，一直倍感壓力」

只要掌握正確的收納方式與各種收納用品的資訊，應該有助於解決這個煩惱。

煩惱

「希望在有限空間裡，能有最大使用量的收納」

系統廚具 **[流理台四周]**

解決！

針對形狀複雜的抽屜，大原則是將空間劃分成數個四方區塊。

流理台下方抽屜　上層

收納訣竅

有足夠高度的抽屜採直立式收納！

通常托盤、濾網漏杓等以堆疊方式收納，但改以直立式收納會更加方便取用。

活用收納用品！

直立式收納

活用檔案盒，將平底鍋和鍋蓋等立起來收納。

活用收納用品！

歸類收納

尺寸差不多的鍋蓋全部收納在無印良品的檔案盒中。

流理台下方抽屜　下層

壓力鍋或電子鍋等比較重的鍋具擺在抽屜最下層。
鍋具專用的大湯杓也收在一起，方便隨時取用。

Y女士住家

流理台側邊抽屜

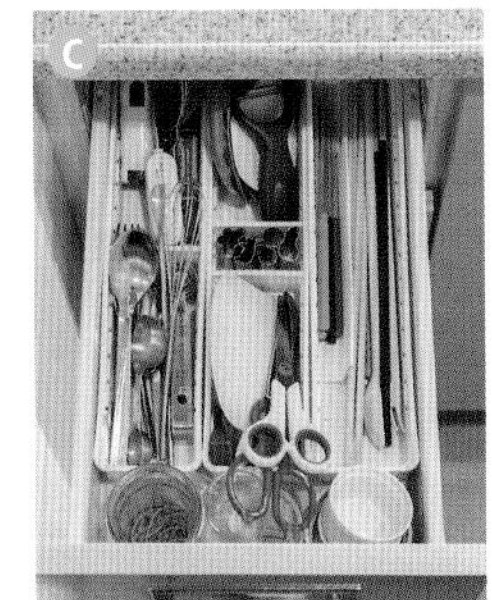

第 1 層

移走隨附的餐具收納盒

改用多格自由組合收納盒，將餐廚用具一一分類收納。請參照 P42。

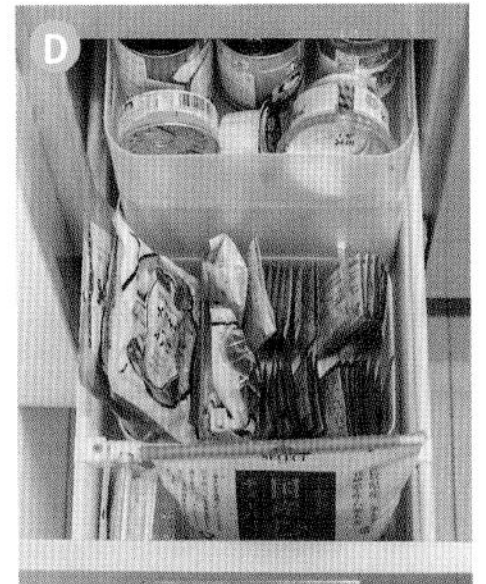

第 2 層

夠高的抽屜 適合直立式收納

深度夠高的抽屜可使用多格分類收納盒，有助於將使用容量最大化。請參照 P39。

第 3 層

多格分類收納盒

將茶托、杯墊（右）、抹布等直立收納在多格分類收納盒中。請參照 P40。

吊櫃

大家通常習慣以堆疊方式收納蛋糕模型，但改為直立收納後更容易拿取。就連無法單獨立起來的矽膠模具也都能安分站好。

物品收納於高處時，需要方便拿取的收納盒或收納籃。

精細分類是邁向成功的捷徑

烘焙用具的種類和數量繁多，但並非每天使用，可以暫時收納在高處。但切記不可以全部硬塞在吊櫃裡，必須確實分類收納，以便隨時取用。將形狀不一的烘焙用具全部放在大型收納盒裡，反而不容易拿取，建議使用檔案盒等分類收納。務必在檔案盒外貼上清楚標示的標籤，無需刻意取下檔案盒也能知道裡面裝了什麼。

系統廚具 ［瓦斯爐四周］

黑胡椒粒研磨罐的粉末容易撒得到處都是，直接置於小烤皿中能夠省下不少清理時間。

瓦斯爐下的抽屜櫃

將調味料收納在同一個地方，有效縮短烹調時間。

活用收納用品！

建議使用單側傾斜開口的收納籃

活用收納籃盛裝瓶身較高的瓶瓶罐罐，可以避免開關抽屜時不小心翻倒。

為避免置於固定層架上的瓶瓶罐罐傾倒，活用收納籃等分區收納。

餐櫥櫃

將紅茶、日本茶、中國茶、咖啡等沖泡飲品全部收在一起。

收納訣竅

仔細分類

使用百圓商店的多格分類收納盒，分別擺放各式各樣的沖泡飲品。請參照 P40。

活用收納用品！

檔案盒

將各種烘焙用材料放進具有高度的檔案盒中。請參照 P36。

只要確實分類收納，不怕一時找不到東西。

煩惱

「希望將餐桌擺飾物收納得更方便拿取」

解決！

各種小碟子等餐具收納在抽屜裡，更容易且方便取用。

每天使用的筷架收納在最靠近身側的地方，以便隨時取用。

將西式餐具和筷子等收納在餐櫥櫃的抽屜裡，訣竅在於使用頻率高的用具擺在上層。

既然是愛不釋手的餐具，更需要利於隨時取用的收納

不少人家裡有很多餐盤或刀叉等餐桌用具，但因為覺得「很珍貴」、「用了可惜」，不是束之高閣，就是封進箱子裡，大大減少了使用機會。既然是愛不釋手的餐廚用具，只要用對收納方式，便能讓廚房作業充滿更多樂趣。收起來不用才是最可惜的。既然是每天使用的廚房，更應該有舒適且無壓力的收納。

「沒有收納空間的客廳。實在不知道如何整理充滿生活感的日常用品」

解決！

打造一個能收納每個人物品的空間。

附抽屜的桌子，解決收納煩惱！

看一半的書或雜誌、個人嗜好的玩具或手工藝，客廳總是堆滿形形色色的東西。雖然說句「把自己的東西整理乾淨！」很簡單，但如果能打造一個大家能主動整理的收納環境，客廳不至於變成一個雜亂無章的場所。客廳茶几的大抽屜是每個人擺放個人物品的空間，好收又好拿。隨手整理就不會直接亂丟在桌上。

一人一格抽屜，整齊收納個人用品。

Y女士住家

儲藏室

煩惱

「對於使用頻率低的物品，想藉由收納降低存在感」

解決！

使用附輪子的鋼製置物架，需要時能方便取出擺在儲藏室最裡面且使用頻率低的物品。

置物架後方……

依使用頻率分別置於入口處或深處。聖誕樹或行李箱可以擺在置物架後方。

活用收納用品！

健保卡、掛號證等統一管理

將家人的健保卡、掛號證、用藥手冊、就診收據等全部收在同一本家用醫療資料夾裡妥善保管。請參照 P62。

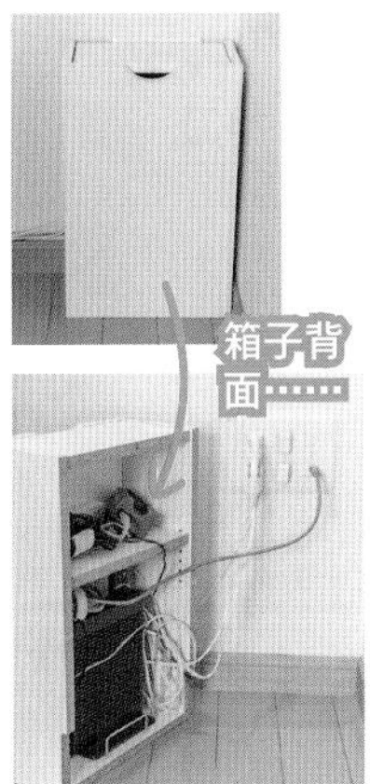

箱子背面……

活用收納用品！

路由器收納箱

為了配合室內裝潢，將 WiFi 路由器收納並隱藏在收納箱中。路由器收納箱（BELLE MAISON）。

Case 4

O女士住家

住家類型　集合住宅
住家格局　3LDK
家族成員　大人 2 人　小孩 2 人

解決居家收納的煩惱！

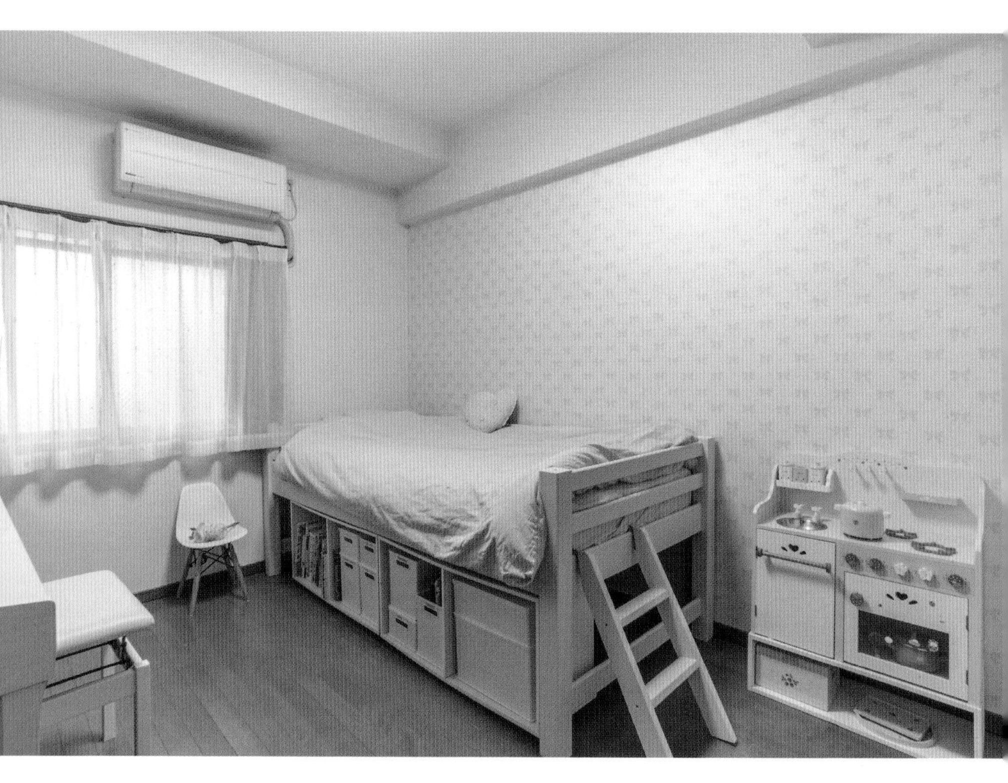

隨著小孩的成長，逐漸改變玩具的收納方式

愈是低年齡層的小朋友玩具，顏色通常愈豐富，而隨著年齡增長，玩具逐漸變小，顏色也逐漸單純化。玩具種類常常隨小朋友的年齡而改變，玩具的收納方式也要跟著靈活調整。要有整齊美觀的收納，必須隨成長適時改變收納模式。但無論年齡大小，切記兩個收納重點，不收納與年齡不符的物品，以及不使用過於複雜且困難的收納方式。相信不少人家裡即便小孩已經上小學，還是習慣將幼兒時期的玩具「隨手」丟入玩具箱中。所以，現在先請大家仔細篩選必要的東西，並將收納方式簡單化，做到最基本的放進收納箱裡就好。

「希望小孩能主動整理自己的房間」

在收納箱上貼標籤，方便小孩自行整理收納。

家裡有男孩女孩時，使用不同顏色的標籤，讓他們自行整理自己的玩具。

善用床底做為收納空間。

收納訣竅

幫收納櫃安裝輪子

收納櫃有足夠的收納量，強烈推薦用來收納玩具。若再加裝輪子，不僅能自由移動，還能立即變身成「餐桌」或「商店」，增加小朋友的玩樂空間。

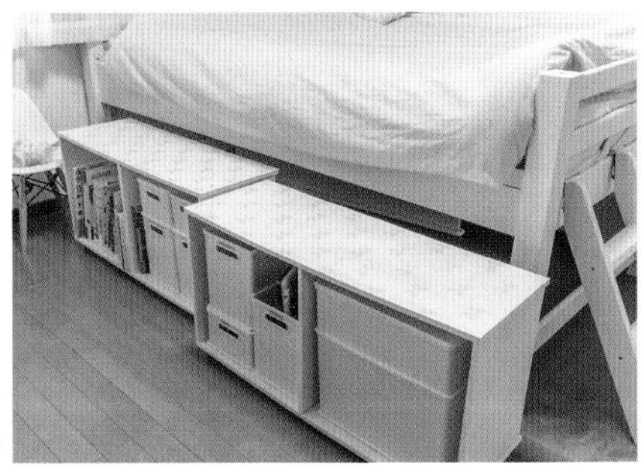

結語

After the Lesson

整理和收納好比我們的個性，一人一種，十人就有十種。書中推薦的收納用品，部分家庭適用，部分家庭不適用，這也是很理所當然的事。看到「這個不錯！」的收納用品時，記得先丈量居家收納空間的大小、想一下是否符合自己的價值觀、想像一下收納後的整體形象，最後再付諸行動購買。若目前家裡使用的正是書中提到的NG用品，只要自己覺得用來方便，無需丟棄，就請繼續使用！另外，即便是書中推薦的商品，若您覺得難以使用，也請別客氣，大膽的斷捨離。千萬不要因為「覺得浪費」這個理由而繼續維持不方便的收納。要不要當個聰明的消費者，以更精進的收納為目標，實現優質生活呢？

收納並非全仰賴收納用品（整理也很重要），但「善用收納用品，追求方便好用，自然會有整齊美觀的收納」是我家的收納方式。「方便好用＝整齊美觀」而方便好用則是因為東西不多。東西少的話，只要收進簡簡單單的容器裡，看起來自然整齊又美觀。

這世上沒有剛出生就會走路的小嬰兒，收納也是同樣道理，不可能一開始就有完美又方便使用的收納，只要反覆整理與收納，總有一天會有整齊俐落的美麗收納。

請大家先確定「希望能有什麼風格的收納」，並朝著這麼目標努力實現。想要方便使用、想要容易取用、想要有更輕鬆自在的生活……希望透過本書介紹的購買收納用品的正確方式，讓各位讀者找到符合自身價值觀的收納。也希望能以此為契機，改善各位讀者的居家收納或生活模式。

最後，衷心感謝協助我完成這本書的講談社編輯角田先生、攝影師宮前先生、設計師片柳先生，提供實際範例的兩位O女士、H女士、Y女士。

總是為我加油打氣的學員、聽講者、部落格讀者、工作人員、朋友、家人、所有與我有關的人士，打從心底感謝您們。

小西紗代

TITLE

紗代流　無印收納哲學

STAFF

出版	瑞昇文化事業股份有限公司
作者	小西紗代
譯者	龔亭芬
總編輯	郭湘齡
文字編輯	徐承義　蕭妤秦
美術編輯	許菩真
排版	曾兆珩
製版	明宏彩色照相製版股份有限公司
印刷	桂林彩色印刷股份有限公司
法律顧問	立勤國際法律事務所　黃沛聲律師
戶名	瑞昇文化事業股份有限公司
劃撥帳號	19598343
地址	新北市中和區景平路464巷2弄1-4號
電話	(02)2945-3191
傳真	(02)2945-3190
網址	www.rising-books.com.tw
Mail	resing@ms34.hinet.net
初版日期	2019年12月
定價	350元

ORIGINAL JAPANESE EDITION STAFF

ブックデザイン	片柳綾子　原 由香里　田畑知香 （DNPメディア・アート OSC）
撮影	宮前祥子
イラスト	片塩広子

國家圖書館出版品預行編目資料

紗代流 無印收納哲學 / 小西紗代作 ; 龔亭芬譯. -- 初版. -- 新北市 : 瑞昇文化, 2019.12
128面 ; 14.8 X 21公分
譯自 : さよさんの「きれいが続く」収納レッスン
ISBN 978-986-401-385-2(平裝)

1.家政 2.家庭佈置

420　　108019255